高等职业教育“十四五”系列教材
高等职业教育土建类专业“互联网+”数字化创新教材

建筑工程认知实践（工作手册式）

项建国　主　编
孔琳洁　副主编
刘学应　主　审

中国建筑工业出版社

图书在版编目（CIP）数据

建筑工程认知实践：工作手册式／项建国主编；孔琳洁副主编. — 北京：中国建筑工业出版社，2023.7

高等职业教育“十四五”系列教材　高等职业教育土建类专业“互联网+”数字化创新教材

ISBN 978-7-112-28513-6

Ⅰ. ①建…　Ⅱ. ①项… ②孔…　Ⅲ. ①建筑工程-高等职业教育-教材　Ⅳ. ①TU

中国国家版本馆 CIP 数据核字（2023）第 050010 号

本教材拟通过教师导读和学生自学的方式进行建筑工程认知，使学生系统地了解、熟悉、掌握建筑工程从施工准备到竣工验收整个过程中的施工工艺、施工技术和施工管理等基本内容、基本程序和基本方法，培养学生自主学习能力和终身学习理念。

本书可作为高等职业教育土建类专业教学用书，也可作为相关专业培训教材使用。

为便于教学和提高学习效果，本书作者制作了教学课件，索取方式为：1. 邮箱 jckj@cabp.com.cn；2. 电话（010）58337285；3. 建工书院 http://edu.cabplink.com。

责任编辑：刘平平　李　阳

责任校对：赵　菲

高等职业教育“十四五”系列教材

高等职业教育土建类专业“互联网+”数字化创新教材

建筑工程认知实践（工作手册式）

项建国　主　编

孔琳洁　副主编

刘学应　主　审

*

中国建筑工业出版社出版、发行（北京海淀三里河路 9 号）

各地新华书店、建筑书店经销

北京鸿文瀚海文化传媒有限公司制版

廊坊市海涛印刷有限公司印刷

*

开本：787 毫米×1092 毫米　1/16　印张：6¼　字数：150 千字

2023 年 4 月第一版　2023 年 4 月第一次印刷

定价：**22.00** 元（赠教师课件）

ISBN 978-7-112-28513-6

（40668）

前 言

“建筑工程认知实践”是土木建筑类专业的基础课程，在各专业的人才培养中有着举足轻重的地位。本教材拟通过教师导读和学生自学的方式进行建筑工程认知，使学生系统地了解、熟悉、掌握建筑工程从施工准备到竣工验收整个过程中的施工工艺、施工技术和施工管理等基本内容、基本程序和基本方法，培养学生自主学习能力和终身学习理念。

教材的主要结构分为建筑工程认知任务、认知方法、认知成果，认知评价等部分。每个认知项目分认知任务综述、认知任务提示、认知参考资源。教材由项建国主编并进行教材总体设计，编写了建筑工程资料认知、认知方法、认知成果、认知评价及统稿工作；孔琳洁任副主编，编写了施工准备认知、主体工程认知；江晨晖编写建筑材料认知；姜健编写屋面工程认知、装饰装修认知；干学宏编写建筑保温节能认知；戴邵磊编写地基与基础工程认知、建筑设备认知；嘉业卓众建设有限公司项芸编写工程管理认知。本教材由浙江水利水电学院刘学应教授主审。

本教材为校企合作编写，嘉业卓众建设有限公司提供了大量的图片和案例。编者在编写过程中，参考了大量文献资料，引用了较多的规范。在此谨向它们的作者致以衷心的感谢和崇高的敬意。编著者首次尝试手册式教材的编写，教材中难免存在不足之处，敬请批评指正。

目　录

1 建筑工程认知任务

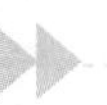

01

1.1 施工准备认知

1.1.1 认知任务综述

“凡事预则立，不预则废”（《礼记·中庸》）说的是“不论做什么事，事先有准备，就能得到成功，不然就会失败”，“兵马未动，粮草先行”也是强调了准备工作的必要性与重要性。随着社会经济的飞速发展和建筑施工技术水平的不断进步，现代建筑施工过程已成为一项集科技、管理于一体的十分复杂的生产活动，不仅涉及成千上万的各种专业建筑工人和数量众多的各类建筑机械、设备的组织，还包括种类繁多的、数以几十甚至几百万吨计的建筑材料、制品和构配件的生产、运输、贮存和供应工作，施工机具的供应、维修和保养工作，施工现场临时供水、供电、供热，以及安排施工现场的生产和生活所需要的各种临时建筑物等工作。这些工作都必须在事前进行全面的、周密的、经济与可行的准备，这对于建筑工程能否顺利开工、顺利进行和完成具有十分重要的意义。同学们可以通过这些典故，查阅相关资料，树立“不打无准备之仗”的思想。

建筑工程施工准备工作是施工企业生产经营管理的重要组成部分，也是施工项目管理的重要内容，同时也是我国基本建设程序的要求，因此，施工准备工作是完成工程施工任务的基础和前提。施工合同签订以后，施工企业（项目承包人）在全面了解建筑工程施工项目的性质、规模、特点、周边环境及工期要求等，进行场址踏勘、技术经济和社会调查，收集有关资料，在明确五方主体相关责任的基础上。做好：技术经济准备（施工图会审、施工预算编制、施工组织设计及专项施工方案编制等）；现场准备（“三通一平”、临时设施搭设、测量控制网的建立等）；施工资源准备（施工人员准备、施工机具准备、施工材料准备等）；季节性准备（冬期施工准备、雨期施工准备、夏季施工准备及季风施工准备）。确保工程顺利开工，保障工程施工连续、均衡、安全、环保、文明（图 1.1～图 1.8）。

图 1.1 高层现场平面布置

图 1.2 低层大场地现场平面布置

图 1.3　临时设施布置

图 1.4　钢筋堆场

图 1.5　消防设施

图 1.6 测量控制网设置

图 1.7 高支模架施工方案论证会议

图 1.8 基坑排水及场地降尘喷雾管道

1.1.2 认知任务提示

序号	认知项目	主要认知内容	认知情景	认知文献
1	技术经济资料	承接施工业务的方式及内涵	查阅相关标准、规范； 查阅相关教材； 查阅网络资料； 查阅图书馆资料； 查阅专业资料室； 参观相关施工现场； 参观相关建筑物	《建设工程分类标准》GB/T 50841； 《中华人民共和国招标投标法》； 《中华人民共和国民法典》； 《建筑工程五方责任主体项目负责人质量终身责任追究暂行办法》； 《岩土工程勘察规范》GB 50021； 《建筑施工手册》； 施工组织设计相关教材； 预算相关教材； 《建筑施工组织设计规范》GB/T 50502； 《危险性较大的分部分项工程安全管理规定》； 《工程测量标准》GB 50026； 测量教材及相关资料； 《建筑变形测量规范》JGJ 8； 《建筑工程冬期施工规程》JGJ/T 104
		施工合同组成、签订主体及生效		
		工程五方主体及职责		
		施工图、标准图及地勘报告		
		施工许可证及开工报告		
		施工图会审及会审纪要		
		工程变更洽商及联系单		
		施工图预算及施工预算		
		施工组织设计分类、编制要求及审批		
		专项施工方案分类、编制要求及审批		
		危险性较大分部分项工程分类		
		施工准备工作计划及责任人		
		技术交底形式及内容		
2	施工现场准备	“三通一平”工作		
		临时设施分类及面积确定依据		
		测量控制网的建立目的及要求		
		测量仪器名称及作用		
		定位放样		
		建筑层高翻测		
		沉降观测点设置及观察		
3	资源准备	项目组织机构及人员配置		
		施工现场管理人员岗位及职责		
		施工现场施工人员工种分类		
		工程主要材料分类及品种		
		施工主要机具分类及名称		
4	冬雨期施工准备	冬期施工准备及基本要求		
		雨期施工准备及基本要求		
		夏季施工准备及基本要求		

注：除可选择上述所列内容进行认知外，认知者还可根据工程实际和自身的认知条件按施工准备的具体情况拓展选择相关内容来进行认知。

1.1.3 认知参考资源

（1）学校各建筑物及实训车间；

（2）图片及视频影像资料详见封面二维码。

1.2 建筑材料认知

1.2.1　认知任务综述

“巧妇难为无米之炊”，意思是说缺少必要的物质条件再能干的人也是很难成事的。建筑材料是建筑工程的物质基础。再完美的设计，也必须通过建筑材料变成现实。没有建筑材料，一切无从谈起。同学们可以通过鲁迅先生的“巨大的建筑，总是由一木一石叠起来的，我们何妨做做这一木一石呢？我时常做些零碎事，就是如此”，深刻领会“罗马不是一天建成的”、人的成功是要靠平时持之以恒的点滴积累（图 1.9～图 1.15）。

建筑材料的质量决定了建（构）筑物的质量和安全性。如图 1.16 所示，看似司空见惯的混凝土加水现象，稍微疏忽很可能引发事故，甚至万丈高楼毁于一旦。

图 1.9　盘圆钢筋

图 1.10　螺纹钢筋

图 1.11　套筒连接钢筋

图 1.12　预制构件

图 1.13　墙砖、硅钙板及灯具

图 1.14 防水卷材

图 1.15 周转材料（钢管）

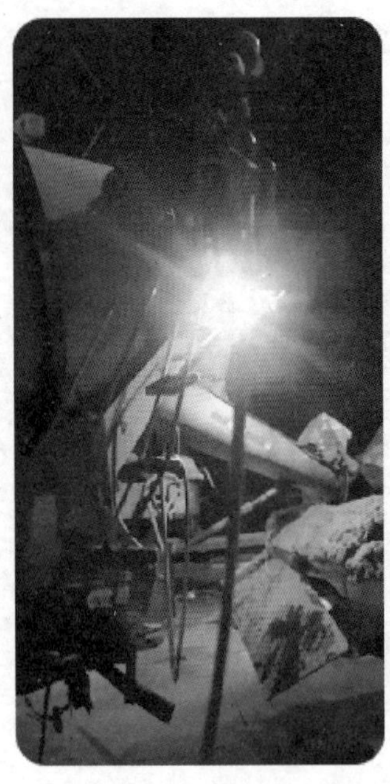

图 1.16　预拌混凝土现场加水

工程质量与安全，看起来好像都是“宏大叙事”，但深究起来，其实都是由一个个貌似毫不起眼的细节共同构成的。重视质量和安全，必须着眼于各种细节。“精益求精”更是重视细节，也是新时代“工匠精神”的重要表现。存在的并不一定合理，同学们在学习和今后的工作中，一定要明辨是非，切勿人云亦云，心中始终要有“一杆秤”。对于不尊重科学、影响质量和安全的行为，一定要坚决制止。

纵观国内外工程实践，建筑材料的选择、生产、使用、检验评定、储运、保管等环节的丝毫失误都可能造成工程质量缺陷，甚至是重大工程质量、安全事故。作为未来的工程建设者，我们一定要有责任感与使命感，谨遵“工程质量和安全重于泰山”的宗旨，切实做好建筑材料的规范使用，让工程更好地造福人民和社会。

建筑材料费是工程造价的重要组成部分，合理使用和节约建筑材料，能有效降低工程造价，实现利润最大化。伴随着我国“碳达峰”和“碳中和”目标的制定和相关政策的逐步落实，建筑材料的绿色化和新型绿色建材的开发应用都是未来建材行业的发展趋势。让我们带着这些重要使命，更好地认识建筑材料，为专业学习奠定基础。

建筑材料就是指用于建造各类建筑物、构筑物等的各种材料。习惯意义上的建筑材料主要是指构成建筑物、构筑物实体的材料（如水泥、混凝土、钢筋、砖、玻璃、涂料等）。除此之外，建筑施工过程中所用到的各类辅助材料，建筑空间内所安装的各种器材、设备等有时也被视为广义上的建筑材料。

显而易见，建筑物就是由各种建筑材料构成的有机整体。建筑物构想设计得再完美，如果没有合适的材料去建造它，也永远只能是纸上谈兵，成为空中楼阁。建筑材料和建筑物是部分与整体的关系，没有部分就不可能成就整体，诚然部分要构建成整体还需要具备很多条件和技术手段。因此建筑材料作为整个建筑行业的物质基础，其作用、地位和重要性可见一斑。随着历史的发展、社会的进步，特别是科学技术的日新月异，建筑材料的品类和内涵也得以极大丰富，甚至可将建筑史和建筑材料的发展史视为人类文明的缩影和写照。

建筑物的实体是由建筑材料构成的，不同的建筑材料构成建筑物实体的不同部分。或者说不同的建筑材料具有不同的使用功能、发挥着不同的作用，任何建筑物都并非由单一的建筑材料所构成，而是多种材料的有机整合。例如：建筑物需要承受荷载的部位（楼面、梁、柱、基础）就要选用强度高、变形小和稳定性好的材料；需要保温隔热的部位（如墙体、门窗、屋顶等）就会用到保温材料；需要防水、防潮、防渗漏的部位（如地下室、屋面、卫生间）就会用到防水材料……

有什么样的建筑材料就有什么样的建筑物，中外建筑史集中体现了建筑材料的发展历程。每个时代的建筑物都深深地烙上了时代特有的印记和标志，例如：西方古典建筑的石墙廊柱，中国古代建筑的楼榭亭台，现代都市的摩天高楼……无不体现出时代的特性和风格。可以想见，若没有水泥、钢材和玻璃，就没有现代化的高楼大厦，没有建筑师天马行空般创意的实现，更没有当今城镇化的飞速步伐。任何新型建筑形式的横空出世都必须以相应的建筑材料的研发和应用为前提。例如：没有新型钢材就没有造型奇特、雄伟壮观的国家体育馆（即鸟巢）；没有聚四氟乙烯高分子充气膜材就没有晶莹剔透、美轮美奂的国家游泳馆（即水立方）。

为了满足人们对建筑物的功能提出越来越高的要求（如绿色节能、舒适耐用、功能全面），建筑材料的特性和功能也必然要与之相适应和匹配。因此许多新型建筑材料不断涌现，这些材料既改善了建筑物的功能，又节省了生产成本、能耗和减轻了对生态环境和自然资源的破坏。

建筑业是国民经济的支柱产业之一，而建筑材料是建筑业的重要物质基础。没有建筑材料作为物质基础，就不可能有丰富多彩的建筑产品，就不可能有当今建筑业的蓬勃发展。既然建筑材料是建筑业的物质基础，那么建筑材料的快速发展状况必然对建筑业的健康发展具有关键性的推动作用。反之如果建筑材料的发展和应用跟不上建筑业的发展，那么建筑师再高明完美的设计创意也只能束之高阁，工程师再有雄才大略也只能是英雄无用武之地，投资商再有商业眼光和宏伟计划也只能是一筹莫展，其结果必然制约和阻碍建筑业的发展。因此建筑业的发展必须与建筑材料的开发和应用相匹配和适应。

正因为建筑材料的发展必须适应于建筑业的发展，随着我国建筑业的蓬勃发展和人们物质文化生活的极大丰富，新型、高效、绿色、节能建筑材料的开发和应用就显得尤为重要和必要了。因为全新建筑结构形式和建筑风格的表现、城镇化步伐的加快等都依赖于材料工业的发展。而且建筑材料的费用决定着整个建筑工程项目的造价，故而降低材料成本，提高材料的性价比也显得至关重要。

通过认知本模块的认知学习，了解常用建筑材料的分类、性能、功能和用途，以及为了保证工程质量，如何对建筑材料的质量进行科学评价，这些知识都是深入学习建筑工程技术相关专业的重要基础。通过感性认识与理性分析结合的方式，我们很快能对建筑材料有一个大致的了解。“纸上得来终觉浅，绝知此事要躬行”，请你带着实践认知任务，大胆开始建筑材料探索之旅吧。

1.2.2 认知任务提示

<table>
<tr><th>序号</th><th>认知项目</th><th>主要认知内容</th><th>认知情境</th><th>参考资料</th></tr>
<tr><td rowspan="5">1</td><td rowspan="5">建筑材料的作用与意义</td><td>建筑材料的定义</td><td rowspan="19">校园、日常生活；
任意建筑物；
查阅相关标准、规范；
查阅相关教材；
查阅网络资料；
查阅图书馆资料；
查阅专业资料室；
参观相关施工现场；
参观相关建筑物；
参观建筑材料市场；
参观水泥厂、建筑工地、混凝土搅拌站、水泥仓储、建材实验室、预制构件厂、干混砂浆厂、混凝土搅拌站、建筑工地、建材实验室、学校土建实训场地</td><td rowspan="19">杨杨、钱晓倩主编《土木工程材料》；
西安建筑科技大学等五校合编《建筑材料》；
《通用硅酸盐水泥》GB 175；
《混凝土物理力学性能试验方法标准》GB/T 50081；
《预拌混凝土》GB/T 14902；
GB/T 1499 钢筋混凝土用钢系列标准；
闻荣土主编《建筑装饰装修材料与应用》；
段先湖主编《建筑装饰装修材料手册》；
王福川主编《新型建筑材料》；
建筑材料工业技术监督研究中心组织编写《建筑材料标准汇编》(最新版)；
黄显彬、李静主编《建筑材料试验及检测》；
张彩霞主编《实用建筑材料试验手册》；
曹文达主编《建筑材料试验员基本技术》；
中文核心期刊《新型建筑材料》；
中文核心期刊《混凝土》；
现行建筑材料标准</td></tr>
<tr><td>建筑材料的作用</td></tr>
<tr><td>建筑材料与建(构)筑物的关系</td></tr>
<tr><td>建筑材料与建筑业</td></tr>
<tr><td>建筑材料标准化与常用建筑材料标准</td></tr>
<tr><td rowspan="3">2</td><td rowspan="3">建筑材料的分类</td><td>按主要成分分类</td></tr>
<tr><td>按使用功能分类</td></tr>
<tr><td>按建筑经济学分类</td></tr>
<tr><td rowspan="9">3</td><td rowspan="9">常用建筑材料性能、试验和用途</td><td>常用气硬性胶凝材料</td></tr>
<tr><td>通用硅酸盐水泥</td></tr>
<tr><td>混凝土</td></tr>
<tr><td>砂浆</td></tr>
<tr><td>建筑钢材</td></tr>
<tr><td>墙体块材</td></tr>
<tr><td>防水材料</td></tr>
<tr><td>保温材料</td></tr>
<tr><td>常用装饰装修材料</td></tr>
<tr><td rowspan="3">4</td><td rowspan="3">新型或特种建筑材料</td><td>特种混凝土</td></tr>
<tr><td>特种钢材</td></tr>
<tr><td>新型装饰装修材料</td></tr>
</table>

注：除可选择上述所列内容进行认知外，认知者还可根据工程实际和自身的认知条件按工程实际具体情况拓展选择相关内容来进行认知。

1.2.3 认知参考资源

（1）学校各建筑物及实训车间；

（2）图片及视频影像资料详见封面二维码。

1.3 基础工程认知

1.3.1 认知任务综述

“万丈高楼平地起，千里之行始于足下”的道理非常适用于基础工程，作为最先施工的建筑结构，同时也是最重要的承载结构之一，基础的选型、设计及施工都极大地影响着建筑整体的效果。同学们可以通过对“楼倒倒”“楼脆脆”等工程案例的了解，培养自己正确的工程思维，即现实性、创造性、复杂性。

建筑基础是指承载所有上部结构并将建筑的荷载及其他影响传递给地基的结构。所有建筑物都必须要有可靠的基础用于荷载影响的传递。一个良好的基础不仅需要考虑建筑荷载的承载能力，同时也要考虑和地基的接触与传递效率，用以避免长期荷载影响下的沉降开裂等时间维度上的结构问题。另外，由于不同地区间的地质环境差异以及地基处理方法不同，基础工程的设计与施工必须通观全局，对建筑整体与地质地基环境综合评判才能得到合理化的结论。同样地，作为建筑荷载的最终承载与传递结构，基础工程产生的问题将会引起连锁反应，严重时必然危及整体建筑的安全性及使用寿命。在社会不断发展的前提下，越来越高的生活品质及建筑文化艺术的要求及建筑技术的不断提升，已然催生出一大批天马行空且饱含艺术与人文气息的建筑。这类建筑的出现对配套基础的设计及施工也提出了越来越高的要求。如何进一步提升基础工程的承载能力与承载效果已经成为基础工程发展道路上的一个重要课题。

现如今地球环境的压力也要求建筑工程逐步向绿色建筑转型。重点了解地基处理方式、桩基础的类型、基坑支护方式及基坑降水的方法；了解地下室各分项工程的施工顺序；

(a)

图 1.17 基坑钢板桩支护（一）

(b)

图 1.17　基坑钢板桩支护（二）

图 1.18　基坑模型

图 1.19 钻孔灌注桩施工

图 1.20 桩基静载试验

图 1.21　基础工程施工

图 1.22　地下室止水钢板及墙模挂板

重点了解钻孔灌注桩、预应力管桩、地下水位标高、井点降水、明沟集水井降水、复合土钉支护、排桩加水泥搅拌桩止水帷幕支护、SMW 工法、止水带、后浇带、地下室防水等分项工程或专用术语的概念；掌握抗压试块和抗渗试块的尺寸、养护等。在保证基础工程也在保证承载能力的前提下，我们应该逐步探索如何采用生物质材料或其他可回收材料进行传统基础工程的优化及改进（图 1.17～图 1.22）。

1.3.2　认知任务提示

序号	认知项目	主要认知内容	认知情境	参考资料
1	基础工程在建筑工程中的意义	基础的用途	查阅相关标准、规范； 查阅相关教材； 查阅网络资料； 查阅图书馆资料； 查阅专业资料室； 参观相关施工现场； 参观相关建筑物	《建筑地基基础工程施工规范》GB 51004； 《建筑地基基础设计规范》GB 50007； 建筑地基与基础相关教材； 建筑施工技术相关教材
		基础与整体建筑的关系		
		基础的规范及相关要求		
2	地基处理	换土地基		
		强夯地基		
		复合地基		
3	基础类型	浅埋式基础		
		预制桩基础		
		钻孔灌注桩		
		沉管灌注桩		
		钢结构基础		
4	土方工程	土方工程量计算与调配		
		土方施工排水与降水		
		土方的填筑与压实		
5	基坑支护	排桩支护		
		地下连续墙		
		土钉墙（喷锚）		
		水泥挡土墙		
		重力式挡土墙		
6	基础模板工程	承台、基础梁、底板等模板与垫层		
		柱墙梁板模板及支撑体系		
		柱墙板插筋侧边模及挂模		

续表

序号	认知项目	主要认知内容	认知情境	参考资料
7	基础钢筋工程	承台钢筋	查阅相关标准、规范； 查阅相关教材； 查阅网络资料； 查阅图书馆资料； 查阅专业资料室； 参观相关施工现场； 参观相关建筑物	《建筑地基基础工程施工规范》GB 51004； 《建筑地基基础设计规范》GB 50007； 建筑地基与基础相关教材； 建筑施工技术相关教材
		基础梁钢筋		
		底板钢筋		
		桩钢筋		
		柱墙板插筋		
8	基础混凝土工程	强度、防水、抗渗等级		
		主体与细部结构防水		
		现浇混凝土基础		
		混凝土施工缝留设		

注：除可选择上述所列内容进行认知外，认知者还可根据工程实际和自身的认知条件按所选工程具体情况拓展选择相关内容来进行认知。

1.3.3 认知参考资源

（1）学校各建筑物及实训车间；

（2）图片及视频影像资料详见封面二维码。

1.4 主体工程认知

1.4.1 认知任务综述

“安全施工预防为主，百年大计质量第一”。主体结构是基于地基基础之上，接受、承担和传递建设工程所有上部荷载，维持上部结构整体性、稳定性和安全性的有机联系的系统体系，它和地基基础一起共同构成建设工程完整的结构系统，是建设工程安全使用的基础，是建设工程结构安全、稳定、可靠的载体和重要组成部分。同学们可以通过网上搜索建筑工程事故的案例，以工匠精神去树立正确的工程质量观、安全观（图 1.23～图 1.32）。

主体结构主要包括砖混结构、钢筋混凝土结构、钢结构、型钢和钢管混凝土结构、膜结构等。主体结构的施工有以下几方面的特点：

1）高处作业多。主体结构工程绝大部分为地面以上施工，因而高处作业占绝大多数。

2）交叉作业多。由于工程工期、均衡生产和其他客观因素的要求，多工种立体交叉作业是无法避免，尤其在高层建筑施工中，交叉作业更是难以避免。

3）夜间施工多。由于现浇钢筋混凝土结构类型的居多，而对混凝土的浇筑又要求尽可能连续地进行，这样就使得在大面积、大体积浇筑混凝土时要昼夜不停地连续施工，所以夜间施工是无法避免的。此外，由于工期的影响，也常常加班加点，这就使得夜间施工时间大大增加。

4）使用的设备多。主体结构工程的施工几乎汇集了建筑施工的主要设备，如起重机械、运输车辆、泵送设备、支模及脚手架、手持式电动工具等。

图 1.23　钢筋混凝土结构

图 1.24　钢结构柱

图 1.25　钢筋混凝土实训小楼

图 1.26　竖向钢筋电渣压力焊

图 1.27　楼层钢筋绑扎

图 1.28　楼层混凝土浇筑

图 1.29　竖向垂直度引测

图 1.30　外脚手架及安全网

图 1.31　预埋套筒

图 1.32 混凝土试块

施工人员应该严格执行施工程序和施工顺序规范施工，并从下述事故中汲取教训。2020 年 3 月 7 日，位于泉州市某酒店所在建筑物发生坍塌事故，坍塌的建筑物因长期违法违规建设、改建和加固施工导致坍塌，造成 29 人死亡、50 人不同程度受伤，直接经济损失 5794 万元。

2021 年 10 月 17 日，法院对泉州市某酒店“3・7”坍塌事故涉及人员进行公开宣判，依法对杨某等 13 名被告人和 7 名失职渎职、受贿公职人员判处刑罚，根据各被告人犯罪的事实、情节、危害结果及认罪悔罪表现等，依法判处二十年至二年不等的有期徒刑。

根据调查报告显示，事故直接原因为：①建筑物增加夹层，竖向荷载超限，是导致坍塌的根本原因；②焊接加固作业扰动引发坍塌。事故责任单位泉州市某有限公司将某酒店建筑物由原四层违法增加夹层改建成七层，达到极限承载能力并处于坍塌临界状态，加之事发前对底层支承钢柱违规加固焊接作业引发钢柱失稳破坏，导致建筑物整体坍塌。

调查结果显示，坍塌的某酒店，从 2012 年地基开挖的第一天起，就是一栋违章建筑，它从一开始就不应该存在。杨某是该酒店建筑的业主，事故的直接责任人。2012 年 7 月，杨某要建设一栋四层钢结构的建筑，为了省钱省事，他没有办理任何法定手续，将工程包给无资质人员就直接开工了。2016 年，杨某又私自违法改建，在建筑内部增加夹层，从四层改为七层，隔出了多个房间。正是这次改建，埋下了最终导致建筑坍塌的重大隐患。事故发生前三天，杨某还组织工人到酒店开始进行焊接加固作业，连续三天随意进出集中隔离健康观察点施工，也无人来过问。2020 年 3 月 7 日，这栋建筑的结构长期严重超荷载，早已不堪重负，不专业的焊接加固作业的扰动，最终打破了处于临界点的脆弱平衡，引发连续坍塌，29 个鲜活的生命随之倏然而逝。

泉州某酒店“血的教训”，源于违法建设、违规改建。如果该房子的所有建造、施工、审查环节都是依法依规的，那么是不是就不会出现这样一场“血的教训”?!

1.4.2 认知任务提示

序号	认知项目	主要认知内容	认知情景	认知文献
1	混凝土结构	模板	查阅相关标准、规范； 查阅相关教材； 查阅网络资料； 查阅图书馆资料； 查阅专业资料室； 参观相关施工现场； 参观相关建筑物	《建筑工程施工质量验收统一标准》GB 50300； 《建筑施工模板安全技术规范》JGJ 162； 《组合钢模板技术规范》GB/T 50214； 《混凝土结构工程施工质量验收规范》GB 50204； 《砌体结构工程施工质量验收规范》GB 50203； 《混凝土结构工程施工规范》GB 50666； 《膜结构施工质量验收规范》DB11/T 743； 《组合结构设计规范》JGJ 138； 《钢结构工程施工质量验收标准》GB 50205； 《钢结构防火涂料》GB 14907； 《装配式劲性柱混合梁框结构技术规程》JGJ/T 400； 《铝合金结构工程施工质量验收规范》GB 50576； 《钢管混凝土工程施工质量验收规范》GB 50628； 《木结构工程施工质量验收规范》GB 50206
		钢筋		
		混凝土		
		预应力		
		现浇结构		
		装配式结构		
2	砌体结构	砖砌体		
		混凝土小型空心砌块砌体		
		石砌体		
		配筋砌体		
		填充墙砌体		
3	钢结构	钢结构焊接		
		紧固件连接		
		钢零部件加工		
		钢构件组装及预拼装		
		单层钢结构安装		
		多层及高层钢结构安装		
		空间格构钢结构制作		
		空间格构钢结构安装		
		压型金属板		
		防腐涂料涂装		
		防火涂料涂装		
		天沟安装		
		雨篷安装		
4	型钢、钢管混凝土结构	型钢、钢管现场拼装		
		柱脚锚固		
		构件安装		
		焊接、螺栓连接		
		钢筋骨架安装		
		型钢、钢管与钢筋连接		
		浇筑混凝土		
5	轻钢结构	钢结构制作		
		钢结构安装		
		墙面压型板		

续表

序号	认知项目	主要认知内容	认知情景	认知文献
5	轻钢结构	屋面压型板	查阅相关标准、规范；查阅相关教材；查阅网络资料；查阅图书馆资料；查阅专业资料室；参观相关施工现场；参观相关建筑物	《建筑工程施工质量验收统一标准》GB 50300；《建筑施工模板安全技术规范》JGJ 162；《组合钢模板技术规范》GB/T 50214；《混凝土结构工程施工质量验收规范》GB 50204；《砌体结构工程施工质量验收规范》GB 50203；《混凝土结构工程施工规范》GB 50666；《膜结构施工质量验收规范》DB11/T 743；《组合结构设计规范》JGJ 138；《钢结构工程施工质量验收标准》GB 50205；《钢结构防火涂料》GB 14907；《装配式劲性柱混合梁框结构技术规程》JGJ/T 400；《铝合金结构工程施工质量验收规范》GB 50576；《钢管混凝土工程施工质量验收规范》GB 50628；《木结构工程施工质量验收规范》GB 50206
6	索膜结构	膜支撑构件制作		
		膜支撑构件安装		
		索安装		
		膜单元及附件制作		
		膜单元及附件安装		
7	铝合金结构	铝合金焊接		
		紧固件连接		
		铝合金零部件加工		
		铝合金构件组装		
		铝合金构件预拼装		
		单层及多层铝合金结构安装		
		空间格构铝合金结构安装		
		铝合金压型板		
		防腐处理		
		防火隔热		
8	木结构	方木和原木结构		
		胶合木结构(含重组竹结构)		
		轻型木结构		
		木结构防护		

注：除可选择上述所列内容进行认知外，认知者还可根据工程实际和自身的认知条件按主体工程的具体内容拓展选择相关内容来进行认知。

1.4.3 认知参考资源

(1) 学校各建筑物及实训车间；

(2) 图片及视频影像资料详见封面二维码。

1.5 屋面工程认知

1.5.1 认知任务综述

“俄顷如故常，突兀在屋顶”，“秦砖汉瓦”历经千年而不朽。屋顶除了遮风避雨功能外，在中外建筑文化中都有举足轻重的地位，不同种族、不同宗教和不同社会地位等差异充分反映在建筑的屋顶上。中国屋顶展示出的不仅是中国传统审美和巧夺天工的匠人技艺，更是中国古人善于取法自然，最后和自然融合的智慧。同学们通过古代建筑各种屋顶及现代建筑屋面的案例，培养自己的民族自豪感和责任感。

屋面是房屋建筑的重要组成部分，它是房屋建筑最顶部的围护结构，既要抵御自然界风、雨、雪、太阳辐射、气温变化等不利因素的影响，保证人们居住和生产活动拥有一个良好的使用环境，又要承受屋顶自重、风雪荷载以及施工和检修屋面的各种荷载；同时，屋面也是决定建筑轮廓形式的重要部分，对建筑形象起着突出的作用。

屋面工程是房屋建筑工程的主要部分之一，它既包括工程所用的材料、设备和所进行的设计、施工、维护等技术活动，又指工程建设的对象，发挥功能保障作用。屋面工程包括屋面板及其以上的所有构造层次，即结构层、找坡层、找平层、隔汽层、隔离层、保温层、防水层、保护层等，是综合反映屋面多功能作用的系统工程。根据屋面工程上述的性质和特点，决定了其在满足房屋建筑的安全性、环保性、适用性和美观性上，发挥着重要的作用和影响。

随着近年来我国建筑技术的发展，大跨度、轻型和高层建筑日益增多，使屋面结构出现较大变化；停车场，运动场、花园等屋面的出现，又使屋面功能大大增加。与此同时，屋面渗漏和保温等问题已成为我国工程建设中非常重要和突出的问题，屋面防水工程和屋面保温工程，对屋面工程的质量影响尤其巨大。因此，在屋面工程施工过程中，要始终树立精益求精的理念，把工程质量和安全放在首位，这将直接影响到房屋建筑的性能安全和使用舒适（图 1.33～图 1.39）。

图 1.33　平屋顶

图 1.34 曲面屋顶

图 1.35 坡屋顶

图 1.36　半球状屋顶

图 1.37　玻璃屋顶

图 1.38 膜结构屋顶

图 1.39 种植屋顶

1.5.2 认知任务提示

序号	认知项目	主要认知内容	认知情境	参考资料
1	基层与保护	找坡层和找平层	查阅相关标准、规范； 查阅相关教材； 查阅网络资料； 查阅图书馆资料； 查阅专业资料室； 参观相关施工现场； 参观相关建筑物	《屋面工程技术规范》GB 50345； 建筑施工相关教材； 建筑构造相关教材
		隔汽层		
		隔离层		
		保护层		
2	保温与隔热	板状材料保温层		
		纤维材料保温层		
		喷涂硬泡聚氨酯保温层		
		现浇泡沫混凝土保温层		
		种植隔热层		
		架空隔热层		
		蓄水隔热层		
3	防水与密封	卷材防水层		
		涂膜防水层		
		复合防水层		
		接缝密封防水层		
4	瓦面与板面	烧结瓦和混凝土瓦铺装		
		沥青瓦铺装		
		金属板铺装		
		玻璃采光顶铺装		
5	细部构造	檐口		
		檐沟和天沟		
		女儿墙和山墙		
		落水口		
		变形缝		
		伸出屋面管道		
		屋面出入口		
		反梁过水孔		
		设施基座		
		屋脊		
		屋顶窗		

注：除可选择上述所列内容进行认知外，认知者还可根据工程实际和自身的认知条件按所选工程的具体情况拓展选择相关内容来进行认知。

1.5.3 认知参考资源

（1）学校各建筑物及实训车间；

（2）图片及视频影像资料详见封面二维码。

1.6 建筑保温节能认知

1.6.1 认知任务综述

“一粥一饭，当思来处不易；半丝半缕，恒念物力维艰”“节俭能源要做好，冷暖效率要提高”。环顾宇宙，地球依然是人类赖以生存和值得信赖的唯一家园。但是，随着各种极端气候的频繁出现，矿产资源因过度开发而濒临枯竭，地球变得千疮百孔，正面临着以气候危机、能源危机和水危机等为主要特征的系统性危机，如不及时采取科学方法和技术加以综合应对，人类将不可避免面临生存危机。绿色、节能和低碳是缓解地球危机的唯一路径，也是世界各国必须完成的答卷。近年来，中国积极节能减排、不断自我加压，以更切实有效的行动，积极应对气候变化，并主动提出了“2030 年前碳达峰、2060 年前碳中和”的具体发展目标。同学们可以通过搜索建筑工程各部位的保温材料及近期由于保温材料使用不当而造成的墙面脱落、燃烧等事故，培养自己的科学选材及匠心意识。

节能低碳是全社会各行各业必须履行的社会责任。近些年来，作为国民经济支柱性产业的中国建筑业发展速度令人印象深刻。2019 年，全国建筑业企业完成建筑业总产值 48445.77 亿元，实现利润 8381 亿元。中国建筑在发展过程中，建筑能耗占全社会总能耗始终维持在三分之一左右，建筑能耗十分惊人。同时，中国建筑业在全寿命周期过程产生了大量污染物排放等，包括 CO_2、SO_2、NO_x、烟尘和固体废弃物。根据国家发展和改革委员会统计数据，2010 年，中国建筑环境污染初步测算为 $CO_2$30.59 亿吨、$SO_2$1715 万吨、NO_x808.3 万吨以及其他污染物 117 万吨。随着我国城市化建设不断推进，建筑工程建设的数量与日俱增，人们为了营造一个舒适的室内环境而对居住环境舒适性的要求也越来越高，对于能源及各类资源的需求量不断攀升，相当程度上加剧了我国能源短缺的局势和建筑污染的排放密度。建筑业既存在转变生产方式、提高质量效率的迫切需求，又承受保护环境、探求可持续发展的巨大现实压力。

在全球严峻的能源危机大环境下，迫切要求中国建筑在保持室内舒适度的前提下，最大限度地降低建筑设备的能耗。发展建筑节能，是中国实现可持续发展的必由之路，也是中国建筑界履行低碳发展社会责任的根本路径。建筑节能是指在建筑物的规划、设计、新建（改建、扩建）、改造和使用过程中，执行节能标准，采用节能型的技术、工艺、设备、材料和产品。建筑节能以节约能源为根本目的，集成了城乡规划、建筑学及土木、设备、机电、材料、环境、热能、电子、信息、生态等工程学科的专业知识，同时又与技术经济、行为科学和社会学等人文学科密不可分，是一门跨学科、跨行业、综合性和应用性很强的技术领域，既有一定的理论基础，又与工程实践密不可分。

建筑工程技术专业学习和工作的对象就是建筑工程，学习建筑节能的重要性不言而喻，而重中之重在于学习和掌握建筑保温和节能相关专业知识。建筑保温和节能认知，主要包括围护系统节能、供暖空调设备及管网节能、电气动力节能、监控系统节能、可再生能源等节能原理和工程应用性相关内容，具体如下：

（1）围护系统节能：包括但不限于墙体节能、幕墙节能、门窗节能、屋面节能、地面节能等建筑围护系统的节能原理和应用认识。

（2）供暖空调设备及管网节能：包括但不限于供暖节能、通风与空调设备节能、冷热源节能和管网节能等供暖空调设备及管网节能的节能原理和应用认识。

（3）电气动力节能：包括但不限于配电节能和照明节能等电气动力节能的节能原理和应用认识。

（4）监控系统节能：包括但不限于监测系统节能和控制系统节能等监控系统节能的节能原理和应用认识。

（5）可再生能源：包括但不限于地源热泵系统节能、建筑风能应用节能、太阳能光热系统节能和太阳能光伏节能等可再生能源的节能原理和应用认识。

该任务认知，首先要引导学生构建体系化的知识结构，进而将专业所学的知识融会贯通。其次要根据建筑工程技术专业的特点，将围护系统节能和可再生能源等内容作为重点讲授内容，而对供暖空调设备及管网节能、电气动力节能和监控系统节能，则适当缩短课时。通过本章节的系统学习，将初步实现学生对节约能源极端必要性的认同和理解，有效强化学生对建筑节能必要性的认识，真正增强建筑节能的自觉性和主动性，使学生在了解常规建筑节能技术理论的基础上，较全面地了解建筑不同部位和不同阶段的节能应用技术，全面熟悉建筑节能系统性工作方法，促进学生将所学的建筑节能理论知识与后续的专业课程无缝对接，与建筑工程实践所见所闻进行对照，为今后从事建筑施工与管理工作提前做好建筑节能知识和技术储备（图 1.40～图 1.42）。

图 1.40　外墙外保温

图 1.41 屋面（挤塑板）保温层

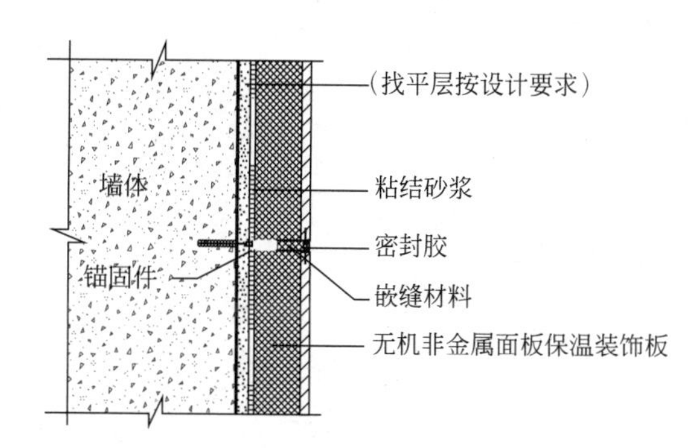

图 1.42 外墙无机非金属保温装饰板构造

1.6.2 认知任务提示

序号	认知项目	主要认知内容	认知情景	认知文献
1	围护系统节能	墙体节能	查阅相关标准、规范； 查阅相关教材； 查阅网络资料； 查阅图书馆资料； 查阅专业资料室； 参观相关施工现场； 参观相关建筑物	《中华人民共和国节约能源法》； 《建筑节能工程施工质量验收标准》GB 50411； 《外墙外保温工程技术标准》JGJ 144； 《地源热泵系统工程技术规范》GB 50366； 《建筑节能与可再生能源利用通用规范》GB 55015； 《风力发电场设计规范》GB 51096； 《民用建筑太阳能热水系统评价标准》GB/T 50604； 《建筑光伏系统应用技术标准》GB/T 51368
		幕墙节能		
		门窗节能		
		屋面节能		
		地面节能		
2	供暖空调设备及管网节能	供暖节能		
		通风与空调设备节能		
		空调与供暖系统冷热源节能		
		空调与供暖系统管网节能		

续表

序号	认知项目	主要认知内容	认知情景	认知文献
3	电气动力节能	配电节能	查阅相关标准、规范； 查阅相关教材； 查阅网络资料； 查阅图书馆资料； 查阅专业资料室； 参观相关施工现场； 参观相关建筑物	《中华人民共和国节约能源法》； 《建筑节能工程施工质量验收标准》GB 50411； 《外墙外保温工程技术标准》JGJ 144； 《地源热泵系统工程技术规范》GB 50366； 《建筑节能与可再生能源利用通用规范》GB 55015； 《风力发电场设计规范》GB 51096； 《民用建筑太阳能热水系统评价标准》GB/T 50604； 《建筑光伏系统应用技术标准》GB/T 51368
		照明节能		
4	监控系统节能	监测系统节能		
		控制系统节能		
5	可再生能源	地源热泵系统节能		
		建筑风能应用节能		
		太阳能光热系统节能		
		太阳能光伏节能		

注：除可选择上述所列内容进行节能和保温认知外，认知者还可根据建筑节能工程实际和自身认知条件按照建筑节能发展的具体情况拓展选择相关内容来进行认知。

1.6.3 认知参考资源

（1）学校各建筑物及实训车间；

（2）图片及视频影像资料详见封面二维码。

1.7 装饰装修认知

1.7.1 认知任务综述

“雕梁画栋、琼楼玉宇、错落有致 、鳞次栉比”等词汇是对建筑装饰装修的认知。建筑装饰风格因人而异、因地而异，流行的有美式乡村风格、古典欧式风格、地中海式风格、东南亚风格、日式风格、新古典风格、现代简约风格、新中式风格（古典中式风格）等。建筑装饰装修是指主体工程完成后所进行的装饰处理，建筑装饰装修施工是使用建筑装饰材料和制品对建筑物内外表面以及某些部位进行装潢和修饰的施工过程。墙面装饰装修可保护墙体，增强墙体的坚固性、耐久性，延长墙体的使用年限；提高建筑的艺术效果，美化环境；改善墙体的热工性能、室内光环境和声学功能等物理性能和使用条件。楼地面装饰装修可保护楼板或地坪，满足正常的隔声、吸声、保温和弹性等使用要求，满足装饰方面的要求。顶棚装饰可改善室内环境，满足照明、通风、保温、吸声等方面的使用要求；满足装饰室内空间、光影、材质渲染环境、烘托气氛等装饰方面的要求。同学们通过了解熟悉八大装修风格，培养自己独立思考、“古为今用、洋为中用、百花齐放、推陈出新”等创造创新思维。

随着经济社会发展和人民生活水平的不断提高，人们对居住生活及工作环境提出新的要求，装饰装修市场不断扩展。同时，随着房屋建筑的建设水平提高，工艺、原材料不断更新换代，对装饰装修施工质量标准提出了更新、更高的要求，如何高效控制房屋建筑装饰装修施工质量，已成为建筑装饰装修的重大问题。

因此，应牢固树立“细节决定成败”的理念，从建筑装饰装修的施工基本特征出发，把握装饰装修施工工艺的每一个环节和细节，明确装饰装修施工工艺程序及标准，不断优化装饰装修施工工艺，综合性考量装饰装修整体造价，保证装饰装修施工质量，最大限度为用户提供舒适生活、工作的氛围和环境（图 1.43～图 1.45）。

图 1.43　墙面装饰装修

图 1.44　楼地面装饰装修

图 1.45　顶棚装饰装修

1.7.2　认知任务提示

序号	认知项目	主要认知内容	认知情境	参考资料
1	建筑地面	基层铺设	查阅相关标准、规范； 查阅相关教材； 查阅网络资料； 查阅图书馆资料； 参观相关施工现场； 参观相关建筑物	《建筑装饰装修工程质量验收标准》GB 50210； 《住宅装饰装修工程施工规范》GB 50327； 建筑装饰施工相关教材； 建筑装饰构造相关教材； 建筑装饰材料相关教材
		整体面层铺设		
		板块面层铺设		
		木、竹面层铺设		
2	抹灰	一般抹灰		
		保温层薄抹灰		
		装饰抹灰		
		清水砌体勾缝		
3	外墙防水	外墙砂浆防水		
		涂膜防水		
		透气膜防水		
4	门窗	木门窗安装		
		金属门窗安装		
		塑料门窗安装		
		特种门安装		
		门窗玻璃安装		
5	吊顶	整体面层吊顶		
		板块面层吊顶		
		格栅吊顶		

续表

序号	认知项目	主要认知内容	认知情境	参考资料
6	轻质隔墙	板材隔墙	查阅相关标准、规范； 查阅相关教材； 查阅网络资料； 查阅图书馆资料； 参观相关施工现场； 参观相关建筑物	《建筑装饰装修工程质量验收标准》GB 50210； 《住宅装饰装修工程施工规范》GB 50327； 建筑装饰施工相关教材； 建筑装饰构造相关教材； 建筑装饰材料相关教材
		骨架隔墙		
		活动隔墙		
		玻璃隔墙		
7	饰面板	石板安装		
		陶瓷板安装		
		木板安装		
		金属板安装		
		塑料板安装		
8	饰面砖	外墙饰面砖粘贴		
		内墙饰面砖粘贴		
9	幕墙	玻璃幕墙安装		
		金属幕墙安装		
		石材幕墙安装		
		陶板幕墙安装		
10	涂饰	水性涂料涂饰		
		溶剂型涂料涂饰		
		美术涂饰		
11	裱糊与软包	裱糊		
		软包		
12	细部	橱柜制作与安装		
		窗帘盒和窗台板制作与安装		
		门窗套制作与安装		
		护栏和扶手制作与安装		
		花饰制作与安装		

注：除可选择上述所列内容进行认知外，认知者还可根据工程实际和自身的认知条件按施工准备的具体情况拓展选择相关内容来进行认知。

1.7.3 认知参考资源

（1）学校各建筑物及实训车间；

（2）图片及视频影像资料详见封面二维码。

1.8 建筑设备认知

1.8.1 认知任务综述

“改善人民生活品质 提高社会建设水平”，建筑本身仅仅是一个由各类建筑结构搭建而成的承载空间，为了让建筑足以满足人类使用的需求，必须通过各类方法为建筑内居住生活的人们提供各种基本或者进阶的水、空气、电力，而提供这些必需物的设备即被称为建筑设备，如果建筑是“躯壳”的话那设备就是“灵魂”。建筑设备是建筑物的重要组成部分，主要包含排水、采暖、通风、空调、电气、电梯、通信及楼宇智能化等设施设备，它是为人类日常起居服务的。

同学们可以通过学习时事政治，熟悉“十四五”规划和 2035 年远景规划，认真领会“坚持人民主体地位，坚持共同富裕方向，始终做到发展为了人民、发展依靠人民、发展成果由人民共享，维护人民根本利益，激发全体人民积极性、主动性、创造性，促进社会公平，增进民生福祉，不断实现人民对美好生活的向往”，将改善人民的居住条件、居住舒适性和安全性作为己任，提升工程人的责任心。

为了给建筑中居住的人们提供舒适的生活环境，对建筑设备的设计排布与安装就要求设计施工人员有足够的责任心与共情能力：在满足规范要求以外，必须设身处地为使用人员考虑，尽量提供简化便捷的设备使用方式。在自动化技术大行其道的当下，通过计算机技术、自动控制技术和通信技术进行组合操作的高度自动化的建筑物设备综合管理系统可以依据各种内部及外部条件对建筑内设备环境进行精准的调节，以达到最佳的使用状态。而这种综合管理系统也对设计、安装及操作管理人员的素质提出了较高的要求。所谓“失之毫厘，谬以千里”，可能仅仅是一个符号的错误就会导致整体系统的运行效果南辕北辙。在越来越精细的智能控制系统背后需要的不仅仅是更加先进的设备，同样也需要拥有更多相关技术的人员来为整体系统服务。

绿色建筑要求在建筑的全寿命周期内，最大限度地节约资源、保护环境和减少污染，为人们提供健康、舒适和高效的使用空间与使用环境。在这个大前提下，建筑设备作为首当其冲与人交互的部分，是建立绿色建筑、节能建筑的第一道门槛。传统的空调系统难以对人体的热舒适状态进行动态的调整，容易引发“空调病”，且大量消耗能源而绿色建筑要求除保证人体总体热平衡外，应注意身体个别部位如头部和足部对温度的特殊要求，并善于应用自然能源。另外大面积的玻璃使用也可能会造成光污染，绿色建筑中引进无污染，光色好的日光作为光源是绿色光环境的一部分。空气质量的好坏反映了满足人们对环境要求的程度。通常影响空气质量的因素包括空气流动、空气的洁净程度等。如果空气流动不够，人会感到不舒服，流动过快则会影响温度以及洁净度。因此应根据不同的环境调节适当的新风量，控制空气的洁净度、流速使得空气质量达到较优状态。

通过对建筑智能自动化的学习以及绿色建筑要求的相关学习可以扩展视野，密切结合最前沿的建筑设备与技术，为专业的学习提供更好的保障（图 1.46～图 1.53）。

图 1.46　桥架管线安装

图 1.47　卫生洁具

图 1.48　淋浴房

图 1.49　空调系统

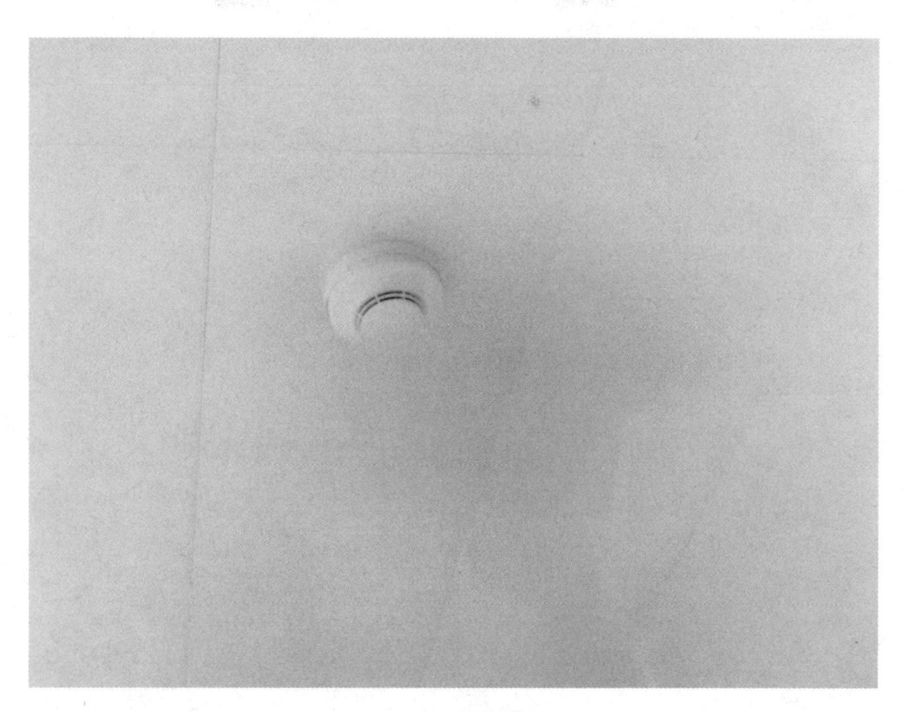

图 1.50 烟感报警

图 1.51 新风系统

图 1.52　照明系统

图 1.53　智能楼宇系统

1.8.2 认知任务提示

序号	认知项目	主要认知内容	认知情境	参考资料
1	建筑设备在建筑工程中的意义	设备的分类	查阅相关标准、规范； 查阅相关教材； 查阅网络资料； 查阅图书馆资料； 参观相关施工现场； 参观相关建筑物	《住宅设计规范》GB 50096； 《住宅建筑规范》GB 50368； 《建筑给水排水设计标准》GB 50015； 《建筑给水排水及采暖工程施工质量验收规范》GB 50242； 《通风与空调工程施工规范》GB 50738； 《建筑节能工程施工质量验收标准》GB 50411 建筑设备相关教材
		设备的作用		
		设备的历史发展		
2	通风系统	局部排风系统		
		全面排风系统		
		火灾防、排烟系统		
3	给水工程	生活给水系统		
		生产给水系统		
		消防给水系统		
4	排水工程	生活污水排水		
		生产污水排水		
		建筑雨水管道		
5	空调系统	空调系统分类		
		空调系统组成		
		制冷系统		
		供暖系统		
6	用电系统	电气照明系统		
		建筑动力系统		
		建筑弱电系统		
		变配电系统		
		防雷接地工程		

注：除可选择上述所列内容进行认知外，认知者还可根据工程实际和自身的认知条件按所选工程的具体情况拓展选择相关内容来进行认知。

1.8.3 认知参考资源

（1）学校各建筑物及实训车间；

（2）图片及视频影像资料详见封面二维码。

1.9 建筑工程资料认知

1.9.1 认知任务综述

“有闻必录、罗缕纪存、班班可考”等成语说明了工程资料的记录、保存与备查，及文字记录的重要性。建筑工程质量是一个广义质量的概念，它既包含工程质量本身，还包含其建造过程中的工作质量，而工程资料正是反映工程工作质量的具体体现。工程资料的正确与否直接影响到对工程质量的判断，建筑工程资料形成是按建筑工程实际进展进行编制和撰写。同学们通过工程资料的收集、整理、归档、备案及利用等工作，认识到工作质量对工程质量的支撑，理解“唇亡齿寒”的意义，培养自己“内外兼修”道德思维。

建筑工程资料是城建档案馆的重要组成部分，是工程竣工验收，评定工程质量优劣、结构及安全卫生可靠程度，认定工程质量等级的必要条件。因此加强管理，使其能够全面客观地反映工程的实际状况。建筑工程资料是对工程质量及安全事故的处理，以及对工程进行检查、维修、管理、使用、改建、扩建、工程结算、决算、审计的重要技术依据。

建筑工程资料形成是一个漫长而又复杂的过程，所以必须认真贯彻执行《建设工程文件归档规范》GB/T 50328、《建筑工程资料管理规程》JGJ/T 185 和《城建档案业务管理规范》CJJ/T 158，切实做好建筑工程资料管理工作，使建设工程资料的形成规范化，保管归档程序化，提高工程资料的编制和撰写质量，以满足工程资料时间真实、数据精确、内容齐全这三要素。例如：督促每个单位和个人按照标准、规范和规程进行工作，工程资料不符合有关规定和要求的不得进行工程竣工验收，施工过程中工程资料的验收必须与工程质量验收同步进行；施工过程中工程资料的保存管理应按有关程序和约定执行，工程竣工后，参建的各方应对工程资料进行归档保存。

工程参建各方应该把工程资料的形成和积累纳入工程管理的各个环节和相关人员的职责范围，由建设、勘察、设计、监理、施工等五方主体主管（技术）负责人，组织各自单位的工程资料管理人员进行全过程的管理，并制定与规范相一致的管理制度和职责。使各自保管的资料真实、准确、有效、完整、齐全，字迹清楚，无未了事项，并互不相悖。要摒弃对工程的文件、资料进行涂改、伪造、随意抽撤或损毁、丢失等的恶习。五方主体及其他有关部门之间的文件及资料的收发、传达、管理等工作，应进行规范管理，做到及时收发、认真传达、妥善管理、准确无误。做好各类文件资料的及时收集、核查、登记、传阅、借阅、整理、保管等工作，并要能够及时检索、查询和提供有关工程资料等信息（图 1.54～图 1.59）。

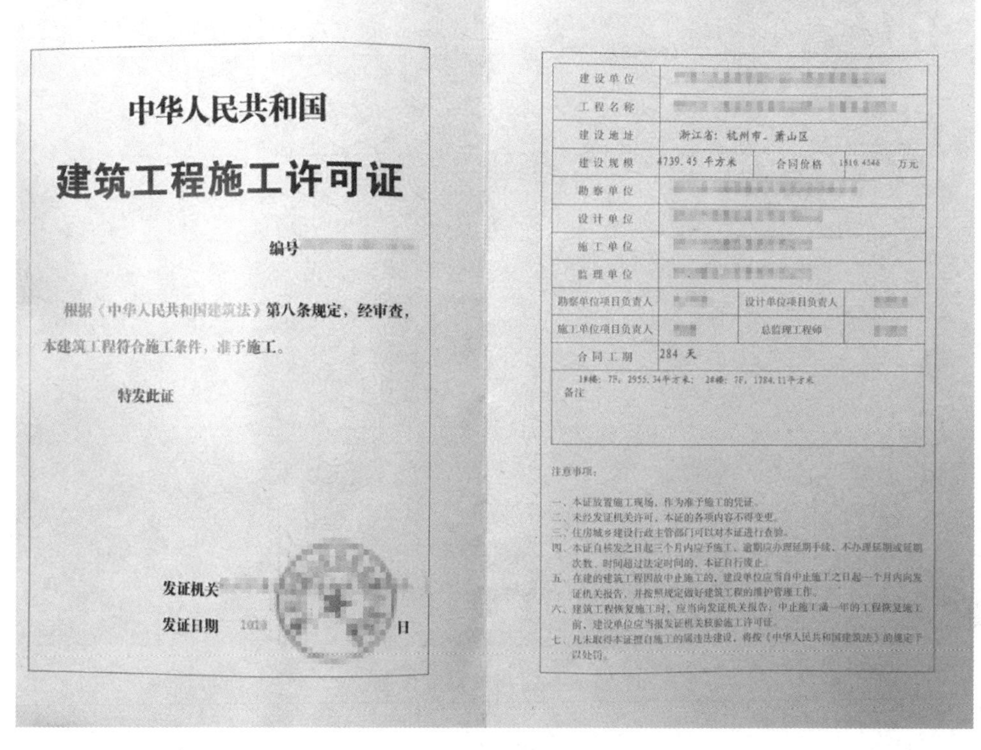

中华人民共和国

建筑工程施工许可证

编号[illegible]

根据《中华人民共和国建筑法》第八条规定，经审查，本建筑工程符合施工条件，准予施工。

特发此证

发证机关[illegible]

发证日期 2018 [illegible] 日

建设单位	[illegible]		
工程名称	[illegible]		
建设地址	浙江省：杭州市．萧山区		
建设规模	4739.45 平方米	合同价格	1810.4546 万元
勘察单位	[illegible]		
设计单位	[illegible]		
施工单位	[illegible]		
监理单位	[illegible]		
勘察单位项目负责人	[illegible]	设计单位项目负责人	[illegible]
施工单位项目负责人	[illegible]	总监理工程师	[illegible]
合同工期	284 天		
备注	1#楼：7F，2955.34平方米；2#楼：7F，1784.11平方米		

注意事项：

一、本证放置施工现场，作为准予施工的凭证。
二、未经发证机关许可，本证的各项内容不得变更。
三、住房城乡建设行政主管部门可以对本证进行查验。
四、本证自核发之日起三个月内应予施工，逾期应办理延期手续，不办理延期或延期次数、时间超过法定时间的，本证自行废止。
五、在建的建筑工程因故中止施工的，建设单位应当自中止施工之日起一个月内向发证机关报告，并按照规定做好建筑工程的维护管理工作。
六、建筑工程恢复施工时，应当向发证机关报告；中止施工满一年的工程恢复施工前，建设单位应当报发证机关核验施工许可证。
七、凡未取得本证擅自施工的属违法建设，将按《中华人民共和国建筑法》的规定予以处罚。

图 1.54 施工许可证

图 1.55 工程验收会议

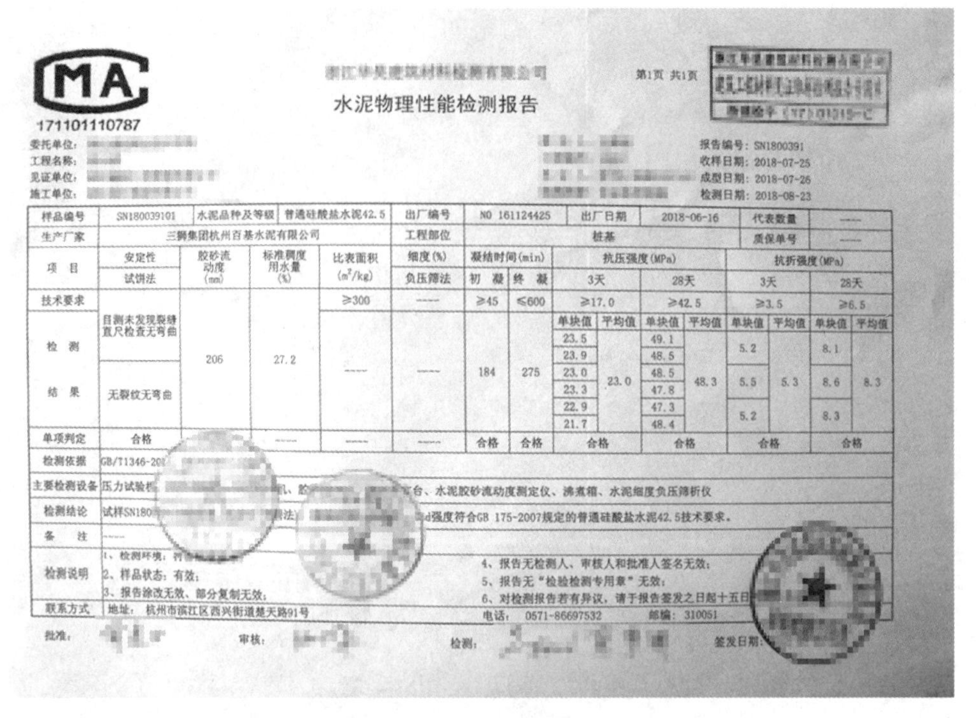

CMA
171101110787

水泥物理性能检测报告

第1页 共1页

委托单位：
工程名称：
见证单位：
施工单位：

报告编号：SN1800391
收样日期：2018-07-25
成型日期：2018-07-26
检测日期：2018-08-23

样品编号	SN180039101	水泥品种及等级	普通硅酸盐水泥42.5	出厂编号	NO 161124425	出厂日期	2018-06-16	代表数量	——
生产厂家	三狮集团杭州百基水泥有限公司			工程部位	桩基			质保单号	——

项目	安定性	胶砂流动度(mm)	标准稠度用水量(%)	比表面积(m^2/kg)	细度(%)	凝结时间(min)		抗压强度(MPa)				抗折强度(MPa)			
	试饼法				负压筛法	初凝	终凝	3天		28天		3天		28天	
技术要求				≥300	——	≥45	≤600	≥17.0		≥42.5		≥3.5		≥6.5	
检测结果	目测未发现裂缝直尺检查无弯曲	206	27.2	——	——	184	275	单块值	平均值	单块值	平均值	单块值	平均值	单块值	平均值
								23.5		49.1		5.2		8.1	
								23.9		48.5					
	无裂纹无弯曲							23.0	23.0	48.5	48.3	5.5	5.3	8.6	8.3
								23.3		47.8					
								22.9		47.3		5.2		8.3	
								21.7		48.4					
单项判定	合格	——	——	——	——	合格	合格	合格		合格		合格		合格	

检测依据	GB/T1346-201
主要检测设备	压力试验机、……台、水泥胶砂流动度测定仪、沸煮箱、水泥细度负压筛析仪
检测结论	试样SN180……d强度符合GB 175-2007规定的普通硅酸盐水泥42.5技术要求。
备注	——
检测说明	1、检测环境： 2、样品状态：有效； 3、报告涂改无效、部分复制无效； 4、报告无检测人、审核人和批准人签名无效； 5、报告无"检验检测专用章"无效； 6、对检测报告若有异议，请于报告签发之日起十五日
联系方式	地址：杭州市滨江区西兴街道楚天路91号　电话：0571-86697532　邮编：310051

批准：　审核：　检测：　签发日期：

图 1.56　材料检测报告

现场验收检查原始记录

共 6 页　第 1 页

单位（子单位）工程名称	综合楼			
检验批名称	钢筋安装检验批质量验收记录		检验批编号	01020205
编号	验收项目	验收部位	验收情况记录	备注
5.5.1	受力钢筋的牌号、规格和数量[第5.5.1条]	行政与教学研究中心地下一层梁、板（1-13~1/2-6轴/1-A~1-E轴）	经检查，受力钢筋牌号、规格和数量符合要求	
5.5.2	受力钢筋的安装位置、锚固方式[第5.5.2条]	行政与教学研究中心地下一层梁、板（1-13~1/2-6轴/1-A~1-E轴）	经检查，受力钢筋的安装位置、锚固方式符合要求	
5.5.3	绑扎钢筋网_长、宽mm[±10]	1-E~1-C轴/2-6~1/2-6轴	2	
5.5.3	同上	1-E~1/1-C轴/2-4~2-5轴	8	
5.5.3	同上	1/1-C~1-C轴/1-14轴	9	
5.5.3	同上	1-E~1-C轴/2-5轴	-2	
5.5.3	绑扎钢筋网_网眼尺寸mm[±20]	1-E~1-C轴/2-6~1/2-6轴	-9	
5.5.3	同上	1-E~1/1-C轴/2-4~2-5轴	-1	
5.5.3	同上	1/1-C~1-C轴/1-14轴	-7	
5.5.3		轴/2-5轴		

监理校核：　记录：　日期：2018 年1 月17日

图 1.57　现场检查原始记录

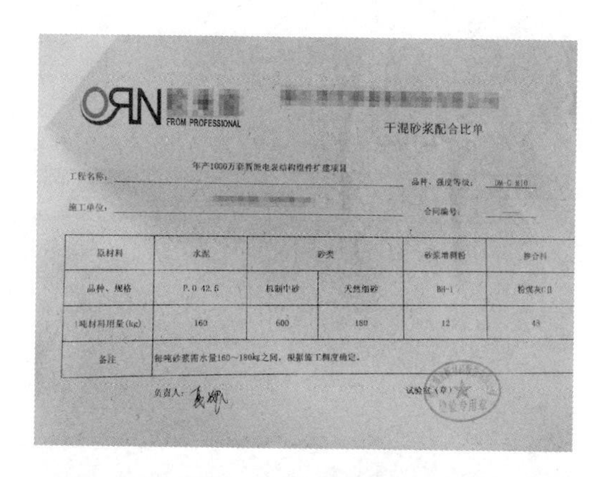

FROM PROFESSIONAL

干混砂浆配合比单

工程名称：　　品种、强度等级：

施工单位：　　合同编号：——

原材料	水泥	砂类		砂浆增稠粉	掺合料
品种、规格	P.O 42.5	机制中砂	天然细砂	BH-1	粉煤灰Ⅱ
1吨材料用量(kg)	160	600	180	12	48
备注	每吨砂浆需水量160～180kg之间，根据施工稠度确定。				

负责人：　　试验室（章）

FROM PROFESSIONAL

产品合格证

产品名称	干混砂浆	商标名称	欧来能
品种等级	DM-M10	成品批号	122009
出厂日期	2022.1.11	代表数量（吨）	30.24
加水量	每吨砂浆加水量160-180公斤		
使用说明	按上述要求加水拌合至标准稠度后直接使用		
储存条件及保质期	密闭条件下保存三个月		

经检验，该批产品各项指标均符合GB/T25181-2019标准要求，为合格产品。

检验员：

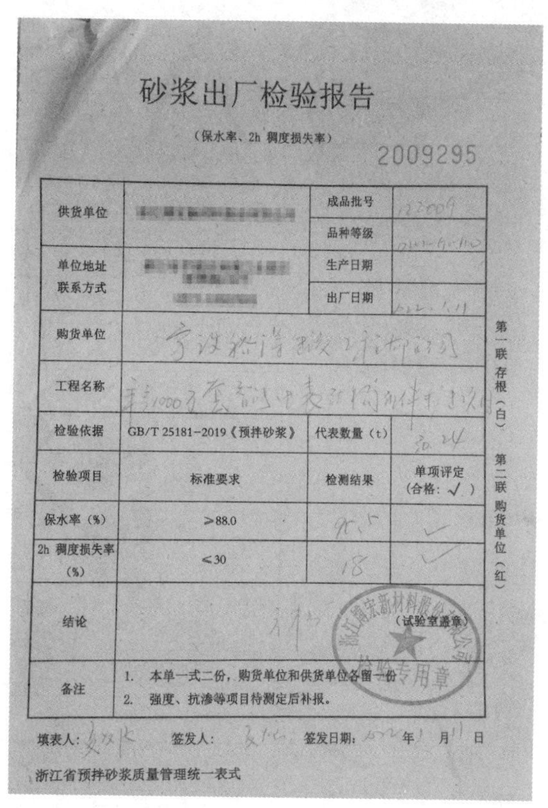

砂浆出厂检验报告

（保水率、2h 稠度损失率）

2009295

供货单位		成品批号	122009
		品种等级	
单位地址 联系方式		生产日期	
		出厂日期	2022.1.11
购货单位			
工程名称			
检验依据	GB/T 25181-2019《预拌砂浆》	代表数量（t）	30.24
检验项目	标准要求	检测结果	单项评定 （合格：√）
保水率（%）	≥88.0	91.5	√
2h 稠度损失率（%）	≤30	18	√
结论	合格　（试验室盖章）		
备注	1. 本单一式二份，购货单位和供货单位各留一份 2. 强度、抗渗等项目待测定后补报。		

填表人：　　签发人：　　签发日期：2022年1月11日

浙江省预拌砂浆质量管理统一表式

第一联　存根（白）　第二联　购货单位（红）

图 1.58　砂浆配比单、出厂合格证及检验报告

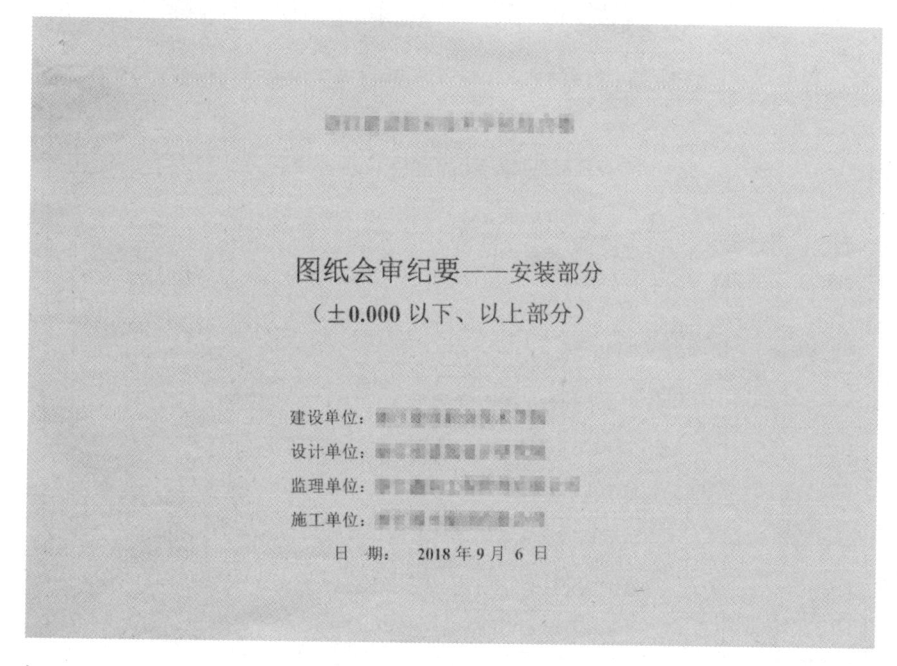

图纸会审纪要——安装部分

（±0.000 以下、以上部分）

建设单位：

设计单位：

监理单位：

施工单位：

日　期：　2018 年 9 月 6 日

图 1.59　图纸会审纪要

1.9.2 认知任务提示

<table>
<tr><th>序号</th><th colspan="2">认知项目</th><th>主要认知内容</th><th>认知情景</th><th>识知文献</th></tr>
<tr><td rowspan="7">1</td><td rowspan="26">工程资料分类</td><td rowspan="7">准备阶段文件（资料）</td><td>决策立项文件</td><td rowspan="26">查阅相关标准、规范；
查阅相关教材；
查阅网络资料；
查阅图书馆资料；
查阅专业资料室；
参观相关施工现场</td><td rowspan="26">地勘报告、施工图；工程定额、工程预算文件、投标文件；
《城建档案业务管理规范》CJJ/T 158；
《建设电子档案元数据标准》CJJ/T 187；
杭州市城市建设档案馆文件（杭城档〔2018〕15号）；
《建设工程文件归档规范》GB/T 50328；
《杭州市建筑安装工程档案移交书》（2018年版）</td></tr>
<tr><td>建设用地、拆迁文件</td></tr>
<tr><td>勘察、设计文件</td></tr>
<tr><td>招标投标及合同文件</td></tr>
<tr><td>开工审批文件</td></tr>
<tr><td>工程造价（计价）文件</td></tr>
<tr><td>工程建设基本信息</td></tr>
<tr><td rowspan="6">2</td><td rowspan="6">监理资料</td><td>监理管理资料</td></tr>
<tr><td>进度控制资料</td></tr>
<tr><td>质量控制资料</td></tr>
<tr><td>造价控制资料</td></tr>
<tr><td>合同管理资料和竣工</td></tr>
<tr><td>验收资料</td></tr>
<tr><td rowspan="8">3</td><td rowspan="8">施工资料</td><td>施工管理资料</td></tr>
<tr><td>施工技术资料</td></tr>
<tr><td>施工进度及造价资料</td></tr>
<tr><td>施工物资资料</td></tr>
<tr><td>施工记录</td></tr>
<tr><td>施工试验记录及检测报告</td></tr>
<tr><td>施工质量验收记录</td></tr>
<tr><td>竣工验收资料</td></tr>
<tr><td rowspan="3">4</td><td rowspan="3">竣工图</td><td>建筑竣工图</td></tr>
<tr><td>结构竣工图</td></tr>
<tr><td>各专业工种竣工图</td></tr>
<tr><td>5</td><td rowspan="5">工程竣工文件</td><td>竣工验收与备案文件</td></tr>
<tr><td>6</td><td>竣工决算文件</td></tr>
<tr><td>7</td><td>竣工交档文件</td></tr>
<tr><td>8</td><td>竣工总结文件</td></tr>
<tr><td>9</td><td>工程声像资料</td></tr>
<tr><td>10</td><td>其他资料</td><td>除上述资料以外的资料</td></tr>
</table>

续表

序号	认知项目		主要认知内容	认知情景	识知文献
11	工程资料管理	工程文件立卷	立卷流程、原则和方法	查阅相关标准、规范； 查阅相关教材； 查阅网络资料； 查阅图书馆资料； 查阅专业资料室； 参观相关施工现场	地勘报告、施工图；工程定额、工程预算文件、投标文件； 《城建档案业务管理规范》CJJ/T 158； 《建设电子档案元数据标准》CJJ/T 187； 杭州市城市建设档案馆文件（杭城档〔2018〕15号）； 《建设工程文件归档规范》GB/T 50328； 《杭州市建筑安装工程档案移交书》（2018年版）
12			卷内文件排列		
13			案卷编目		
14			案卷装订与装具		
15			案卷目录编制		
16		工程文件归档	归档规定		
17			电子文件归档形式		
18			归档时间规定		
19			归档要求		
20		工程档案验收与移交	验收查验的内容		
21			档案移交要求及手续		
22			归档的范围及保存的单位		

注：除可选择上述所列内容中的2项进行认知外，认知者还可根据工程实际和自身的认知条件按施工准备的具体情况拓展选择相关内容来进行认知。

1.9.3 认知参考资源

（1）学校各建筑物及实训车间；

（2）图片及视频影像资料详见封面二维码。

1.10 工程管理认知

1.10.1 认知任务综述

俗语“一个和尚挑水吃，两个和尚抬水吃，三个和尚无水吃”，意思指人少责任分明效率高，人多相互推诿事难成。但现代管理中单打独斗已成过去，而讲究的是“团队合作”，“不善合作，一败涂地；齐心协力，共享成功”，作为一个管理者充分利用群情激昂、道法自然、趋利避害、无为而治、天道酬勤、约定俗成等经典成语进行创新管理。管理到底是“管事理人”还是“管人理事”，其实都不重要，重要的是管理大师彼得·德鲁克所诠释的“管理就是透过众人来把事情做好”。同学们通过一些工程管理典型理解工程管理的技术性和艺术性，培养自己成为懂技术、肯吃苦、知行情、会算账的综合性管理人才。

工程项目管理是指从事工程项目管理的企业（以下简称工程项目管理企业）受业主委托，按照合同约定，代表业主对工程项目的组织实施进行全过程或若干阶段的管理和服务(也有些企业，拥有自己的施工组织，自行建设和管理自己的工程项目，也属于工程项目管理范围，管理方式和过程参考工程项目企业)。工程项目管理企业不直接与该工程项目的总承包企业或勘察、设计、供货、施工等企业签订合同，但可以按合同约定，协助业主与工程项目的总承包企业或勘察、设计、供货、施工等企业签订合同，并受业主委托监督合同的履行。工程项目管理的具体方式及服务内容、权限、取费和责任等，由业主与工程项目管理企业在合同中约定。工程项目管理模式根据所处角度［业主、PMC（项目承包商)、监理、总承包商、分承包商、供应商］、工程管理的职能重点不同而变化。但其共性职能是：为保证项目在设计、采购、施工、安装调试等各个环节的顺利进行，围绕“安全、质量、工期、投资、决算”控制目标，在项目集成管理、范围管理、时间管理、成本管理、质量管理、人力资源管理、沟通管理、风险管理、采购管理、结算管理、决算管理等方面所做的各项工作。

常见的项目管理模式有以下几种：

（1）设计-招标-建造模式（DBB）

设计-招标-建造（Design-Bid-Build）模式，这是最传统的一种工程项目管理模式。该管理模式在国际上最为通用，世行、亚行贷款项目及以国际咨询工程师联合会（FIDIC）合同条件为依据的项目多采用这种模式。其最突出的特点是强调工程项目的实施必须按照设计-招标-建造的顺序方式进行，只有一个阶段结束后另一个阶段才能开始。我国第一个利用世行贷款项目——鲁布革水电站工程实行的就是这种模式。

（2）工程总承包（EPC）模式

工程总承包（Engineering Procurement Construction）是指参与工程总承包的公司受业主委托，根据合同规定，对项目的研究、设计、采购、施工、调试（竣工验收）的全过程或几个阶段进行采购。施工各阶段的工作应合理安排，密切配合，承包人对设计质量、安全、工期和费用负全部责任。承包商还有义务在试运行阶段提供技术服务。总承包商负责合同范围内项目的质量、工期、成本和安全。

（3）项目管理服务（PM）模式

项目管理服务（Project Management）是指专业项目管理公司向业主提供的专业项目管理服务，主要针对项目中的管理过程，而不是针对项目中设计产品的创造过程。在 PM 模式下，工程项目管理公司通常根据与业主的合同执行编制可行性研究报告和向业主提供报价代理、项目管理、采购管理、施工管理、调试（验收）等服务，以及质量、安全、进度、成本、合同、信息等的管理和控制。代表业主执行项目。

（4）项目管理总承包（PMC）模式

项目管理总承包（Project Management Contract）是为大型、复杂、多管理项目开发的一种纯管理模式。在国外，更经常使用大型项目。在 PMC 模式下，项目管理承包商作为业主代表，全面管理承包商的总体规划、项目定义、项目报价、施工等。但是，项目管理总承包商一般不直接参与项目设计、采购、施工、调试等阶段的承包。

（5）设计-建造（DBM）模式

设计-建造模式（Design-Build Method），就是在项目原则确定后，业主只选定唯一的实体负责项目的设计与施工，设计-建造承包商不但对设计阶段的成本负责，而且可用竞争性招标的方式选择分包商或使用本公司的专业人员自行完成工程，包括设计和施工等。唯一的实体负责项目的设计与施工，设计-建造承包商不但对设计阶段的成本负责，而且可用竞争性招标的方式选择分包商或使用本公司的专业人员自行完成工程，包括设计和施工等。在这种方式下，业主首先选择一家专业咨询机构代替业主研究、拟定拟建项目的基本要求，授权一个具有足够专业知识和管理能力的人作为业主代表，与设计-建造承包商联系。

（6）建造-运营-移交（BOT）模式

建造-运营-移交（Build-Operate-Transfer）模式，是 20 世纪 80 年代在国外兴起的一种将政府基础设施建设项目依靠私人资本的一种融资、建造的项目管理方式，或者说是基础设施国有项目民营化。政府开放本国基础设施建设和运营市场，授权项目公司负责筹资和组织建设，建成后负责运营及偿还贷款，协议期满后，再无偿移交给政府。BOT 模式不增加东道主国家外债负担，又可解决基础设施不足和建设资金不足的问题。项目发起人必须具备很强的经济实力（大财团），资格预审及招标投标程序复杂。

（7）政府和社会资本合作（PPP）模式

政府和社会资本合作（Public-Private Partnership）模式，是公共基础设施中的一种项目运作模式。在该模式下，鼓励私营企业、民营资本与政府进行合作，参与公共基础设施的建设。按照这个广义概念，PPP 是指政府公共部门与私营部门合作过程中，让非公共部门所掌握的资源参与提供公共产品和服务，从而实现合作各方达到比预期单独行动更为有利的结果。

（8）建设-管理（CM）模式

建设-管理（Construction-Management）模式，又称阶段发包方式，就是在采用快速路径法进行施工时，从开始阶段就雇用具有施工经验的 CM 单位参与到建设工程实施过程中来，以便为设计人员提供施工方面的建议且随后负责管理施工过程。这种模式改变了过去那种设计完成后才进行招标的传统模式，采取分阶段发包，由业主、CM 单位和设计单位组成一个联合小组，共同负责组织和管理工程的规划、设计和施工，CM 单位负责工程的监督、协调及管理工作，在施工阶段定期与承包商会晤，对成本、质量和进度进行监督，并预测和监控成本和进度的变化。CM 模式，于 20 世纪 60 年代发源于美国，进入 20 世纪 80 年代以来，在国外广泛流行，它的最大优点就是可以缩短工程从规划、设计到竣工的周期，节约建设投资，减少投资风险，可以比较早地取得收益。

（9）合伙（P）模式

合伙（Partnering）模式，是在充分考虑建设各方利益的基础上确定建设工程共同目标的一种工程项目管理模式。它一般要求业主与参建各方在相互信任、资源共享的基础上达成一种短期或长期的协议，通过建立工作小组相互合作，及时沟通以避免争议和诉讼的产生，共同解决建设工程实施过程中出现的问题，共同分担工程风险和有关费用，以保证参与各方目标和利益的实现。合伙协议并不仅仅是业主与施工单位双方之间的协议，而需要建设工程参与各方共同签署，包括业主、总包商、分包商、设计单位、咨询单位、主要的材料设备供应单位等。合伙协议一般都是围绕建设工程的三大目标以及工程变更管理、争议和索赔管理、安全管理、信息沟通和管理、公共关系等问题做出相应的规定。

（10）全过程工程咨询管理（WMC）模式

全过程工程咨询管理模式（Whole Management Consultation）咨询人在建设项目投资决策阶段、工程建设准备阶段、工程建设阶段、项目运营维护阶段，为委托人提供涉及技术、经济、组织和管理在内的整体或局部的服务活动，包括全过程总控管理服务和单项咨询服务，其中单项咨询又包括基本咨询和专项咨询。简称“全咨管理（WMC）”。详见《建设项目全过程工程咨询标准》T/CECS 1030－2022。

（11）项目老板管理（PBM）模式

现在国内有一种项目管理现象存在多年，项目管理不是由项目经理实施而是由项目实际控制的项目老板实施的项目管理简称“项目老板管理”（Project Boss Management）。现在很多民营企业，个体实力不足，资质信誉也不高，但个人资源比较丰富。他往往不是以公司或分公司的名义出现，而是以团队（不具备法人资格）形式出现，它借助大型企业的资质信誉优势结合自身资源优势承接工程项目，而团队承接的项目并不固定在某一特定的公司，项目的实际掌控人为独立核算的项目老板，该项目老板负责团队的业务承接、项目部组建、现场项目管理和项目纠纷的处理等（图 1.60～图 1.62）。

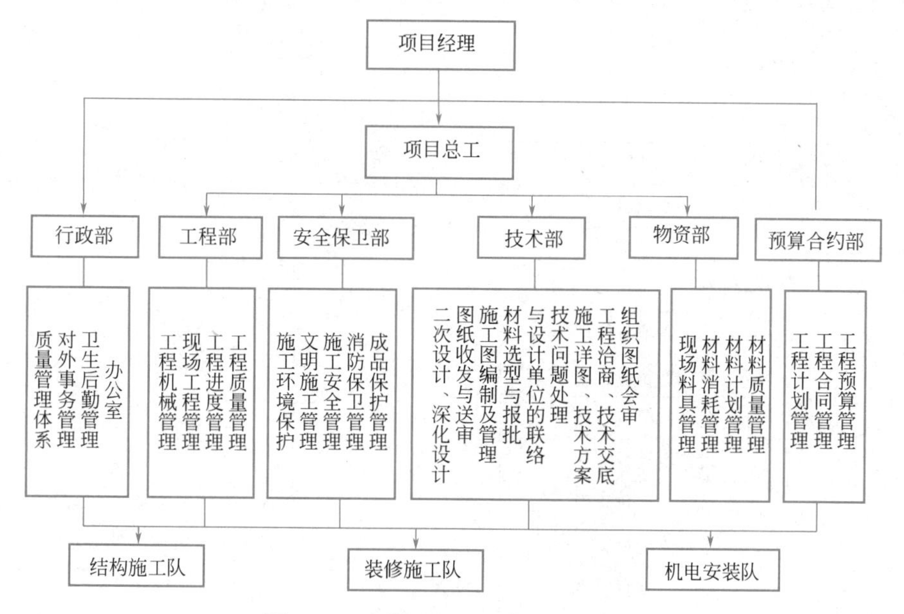

图 1.60　大型工程项目管理组织模式

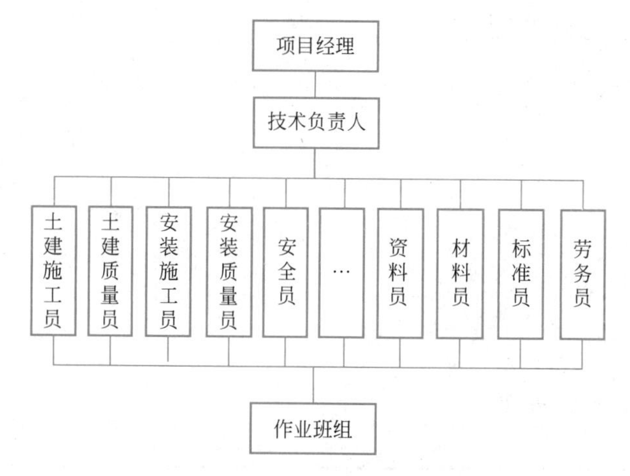

图 1.61　常见工程项目管理组织模式

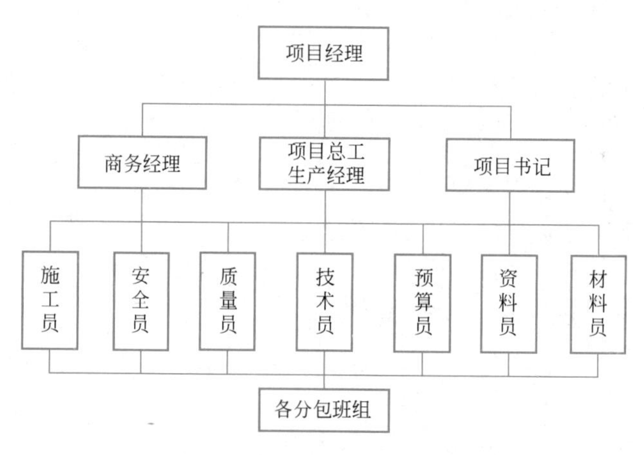

图 1.62　现行工程项目管理组织模式

1.10.2 认知任务提示

<table>
<tr><th>序号</th><th>认知项目</th><th>主要认知内容</th><th>认知情境</th><th>参考资料</th></tr>
<tr><td rowspan="3">1</td><td rowspan="3">项目组织结构</td><td>职能制</td><td rowspan="24">查阅相关标准、规范；
查阅相关教材；
查阅网络资料；
查阅图书馆资料；
查阅专业资料室；
参观相关施工现场</td><td rowspan="24">《工程总承包管理办法》；
《建设工程项目管理规范》GB/T 50326；
《建设项目工程总承包管理规范》GB/T 50358；
浙江省住房和城乡建设厅关于落实建设单位工程质量首要责任的实施意见；
《房屋建筑和市政基础设施项目工程总承包管理办法》；
《建设项目工程总承包合同》(示范文本)；
建设工程项目管理相关教材</td></tr>
<tr><td>项目型</td></tr>
<tr><td>矩阵制(强弱矩阵及平衡)</td></tr>
<tr><td rowspan="5">2</td><td rowspan="5">代建制下的项目管理</td><td>代建方项目管理</td></tr>
<tr><td>业主方项目管理</td></tr>
<tr><td>监理方项目管理</td></tr>
<tr><td>勘察设计方管理</td></tr>
<tr><td>施工方项目管理</td></tr>
<tr><td rowspan="5">3</td><td rowspan="5">全过程咨询下的项目管理</td><td>咨询方项目管理</td></tr>
<tr><td>业主方项目管理</td></tr>
<tr><td>监理方项目管理</td></tr>
<tr><td>勘察设计方管理</td></tr>
<tr><td>施工方项目管理</td></tr>
<tr><td rowspan="9">4</td><td rowspan="9">项目管理模式</td><td>DBB 模式</td></tr>
<tr><td>CM 模式</td></tr>
<tr><td>BOT 模式</td></tr>
<tr><td>DBM 模式</td></tr>
<tr><td>PMC 模式</td></tr>
<tr><td>EPC 模式</td></tr>
<tr><td>P 模式</td></tr>
<tr><td>PPP 模式</td></tr>
<tr><td>……</td></tr>
</table>

注：除可选择上述所列内容中的 2 项进行认知外，认知者还可根据工程实际和自身的认知条件按施工准备的具体情况拓展选择相关内容来进行认知。

1.10.3 认知参考资源

（1）学校各建筑物及实训车间；

（2）图片及视频影像资料详见封面二维码。

2 认知方法

02

2.1 认知计划制定

指导教师根据各专业人才培养方案和该课程的培养目标，为学生介绍可供选择认知的内容，学生根据专业特点、认知要求、认知资源及个人兴趣签订安全承诺书和制定认知计划，建筑工程认知 2 学分共 32 课时，除指导教师交底及演示认知过程的 4 课时外，其余均为学生自主认知完成。

2.1.1 《建筑工程认知实践行为、安全承诺书》

（1）学生接受指导教师指导到规定场所进行认知，经指导教师同意可以自行联系认知场所。

（2）服从分配，自觉遵守实践场所的各项管理制度。

（3）经常并认真学习《建筑施工从业人员安全常识》，注意实践中的安全。

（4）严格遵守施工现场安全生产的六大纪律、十项安全措施及安全生产操作规程。

（5）按实践计划进行认知，认真记录认知内容拍摄相关照片并填写相关表格，定期向实践指导教师反馈实践情况。

（6）自觉遵守交通规则，注意外出交通安全。

（7）自觉遵守公共道德，维护浙江建设职业技术学院的公共形象，严禁参与任何打架、黄、赌、毒等事件。

（8）承担由个人行为所造成的一切损失。

学生签名：　　　　　　　日期：　年　月　日

2.1.2 认知实践计划（示例）

专业			班级		姓名		学号	
起止时间　年　月　日— 年　月　日	周次	认知实施计划						
	1	教师认知交底						
	2	施工准备工作/施工图会审						
	3	地基与基础工程/钻孔灌注桩施工						
	4	主体结构工程/柱子施工						

续表

<table>
<tr><td colspan="2">专业</td><td></td><td>班级</td><td></td><td>姓名</td><td></td><td>学号</td><td></td></tr>
<tr><td>起止时间 年 月 日—
年 月 日</td><td>周次</td><td colspan="7">认知实施计划</td></tr>
<tr><td></td><td>5</td><td colspan="7">装饰装修工程/轻钢龙骨吊顶施工</td></tr>
<tr><td></td><td>6</td><td colspan="7">屋面工程/SBS 防水层铺贴施工</td></tr>
<tr><td></td><td>7</td><td colspan="7">建筑节能/外墙岩棉保温</td></tr>
<tr><td></td><td>8</td><td colspan="7"></td></tr>
<tr><td></td><td>9</td><td colspan="7"></td></tr>
<tr><td></td><td>10</td><td colspan="7"></td></tr>
<tr><td colspan="2">指导教师签名</td><td colspan="7">年 月 日</td></tr>
</table>

注:计划中至少要有 8 项与建筑工程相关的实质性内容需要进行认知,上述表格所填内容只是示例,要求认知内容不要集中在某几个分部分项工程,应该根据所学专业进行选择且分布合理。

2.2 认知成果撰写

依据自己制定的认知计划，填写下述成果考核表格，如果内容较多可另加附页。

（1）认知内容

填写你所选任务或任务中的某一个知识点，例如：填写“施工准备工作/施工现场准备工作/临时设施搭设”。

（2）认知记录

认知记录再现了认知过程中的所见、所闻、所学和所想，是反映实践过程的重要原始资料之一。认真记录认知情况可以帮助记忆零散施工现场知识、巩固认知效果、丰富认知内容，同时为编写实践总结提供原始的数据资料。

认知记录应做到内容真实，表述正确，具有良好的可追溯性，不能马虎、过于简单或表述不正确。

认知记录应有别于施工日志，实践记录除了技术性的记录，还可以谈谈体会、学习心得，可以有自己的思想。这部分内容把握要正确。

1）认知情况

主要介绍你采用什么方法进行认知（例如网络查找、参观施工现场、阅读施工图或施工文件、观看提供的视频、观摩校内建筑或实训车间模型、聆听指导教师的课堂讲解等），认知了哪些内容，认知的广度和深度，认知中的疑惑，可以在理解的基础上摘录一些相关资料帮助本人进行正确理解。

图 2.1　塔式起重机联墙件预埋及加固

2）认知体会

主要介绍你对工程环境感知，对专业熟悉、就业岗位、专业课程学习的帮助等情况的体会。

3）照片粘贴

将在认知过程中的认知场景或认知内容进行拍摄，以显示本人参与认知的真实性和可追溯性。照片选位应该正确表达自己拍摄的想法和想表述的内容，在照片的下方应该标注照片的内容或名称（每一次认知照片数量不少于 2 幅），如图 2.1 所示。

3 认知成果

03

3.1 认知记录

建筑工程认知记录表（编号）

姓 名		工程名称	
学 号		认知内容	一级内容/二级内容
专 业		班 级	
认知时间			
认知地点			

认知情况：(不少于 200 字)

(可另加附页)

认知体会：(不少于 200 字)

认知实践场所及认知内容照片粘贴处

建筑工程认知记录表（编号）

姓 名		工程名称	
学 号		认知内容	一级内容/二级内容
专 业		班　　级	
认知时间			
认知地点			

认知情况：(不少于200字)

（可另加附页）

认知体会：(不少于200字)

认知实践场所及认知内容照片粘贴处

建筑工程认知记录表（编号）

姓 名		工程名称	
学 号		认知内容	一级内容/二级内容
专 业		班　　级	
认知时间			
认知地点			

认知情况：(不少于200字)

（可另加附页）

认知体会：(不少于200字)

认知实践场所及认知内容照片粘贴处

建筑工程认知记录表（编号）

姓名		工程名称	
学号		认知内容	一级内容/二级内容
专业		班　　级	
认知时间			
认知地点			

认知情况：(不少于200字)

(可另加附页)

认知体会：(不少于200字)

认知实践场所及认知内容照片粘贴处

建筑工程认知记录表（编号）

姓 名		工程名称	
学 号		认知内容	一级内容/二级内容
专 业		班 级	
认知时间			
认知地点			

认知情况:(不少于200字)

(可另加附页)

认知体会:(不少于200字)

认知实践场所及认知内容照片粘贴处

建筑工程认知记录表（编号）

姓 名		工程名称	
学 号		认知内容	一级内容/二级内容
专 业		班 级	
认知时间			
认知地点			

认知情况：(不少于 200 字)

（可另加附页）

认知体会：(不少于 200 字)

认知实践场所及认知内容照片粘贴处

建筑工程认知记录表（编号）

姓 名		工程名称	
学 号		认知内容	一级内容/二级内容
专 业		班　　级	
认知时间			
认知地点			

认知情况：(不少于 200 字)

(可另加附页)

认知体会：(不少于 200 字)

认知实践场所及认知内容照片粘贴处

建筑工程认知记录表（编号）

姓 名		工程名称	
学 号		认知内容	一级内容/二级内容
专 业		班 级	
认知时间			
认知地点			

认知情况：(不少于200字)

(可另加附页)

认知体会：(不少于200字)

认知实践场所及认知内容照片粘贴处

建筑工程认知记录表（编号）

姓 名		工程名称	
学 号		认知内容	一级内容/二级内容
专 业		班　　级	
认知时间			
认知地点			

认知情况：(不少于 200 字)

(可另加附页)

认知体会：(不少于 200 字)

认知实践场所及认知内容照片粘贴处

建筑工程认知记录表（编号）

姓 名		工程名称	
学 号		认知内容	一级内容/二级内容
专 业		班 级	
认知时间			
认知地点			

认知情况：(不少于 200 字）

（可另加附页）

认知体会：(不少于 200 字）

认知实践场所及认知内容照片粘贴处

建筑工程认知记录表（编号）

姓 名		工程名称	
学 号		认知内容	一级内容/二级内容
专 业		班　　级	
认知时间			
认知地点			

认知情况：(不少于200字)

（可另加附页）

认知体会：(不少于200字)

认知实践场所及认知内容照片粘贴处

3.2 认知总结

实践总结是对本学期建筑工程认知实践阶段成果的回顾和总结，肯定成绩，找出缺点，分析原因，从中汲取经验教训，提高认识，以利于今后的学习。

1）实践总结的内容

（1）认知实践概述

介绍认知实践的场所、实践的手段和实践的方法。

（2）认知实践内容

介绍各认知实践阶段具体的内容，对相关知识进行串联形成整体认知实践内容（应该根据认知实践阶段来编排，不一定按实践时间编排，如果实践时间与实践阶段统一另当别论）。

（3）认知实践体会

介绍通过认知实践后的收获和体会。具体阐述应紧紧围绕所实践的内容和所做的工作来写。写收获与体会时，不仅要写出有什么样的收获与体会，还应具体地说明这些收获与体会是通过哪些具体的实践过程或实例而获得的，做到观点与材料相统一；对认知实践教学的建议等。

2）实践总结的要求

（1）实践总结应图文并茂，字数不少于3000字；文字要求准确、简明；做到言之有物，脉络分明。

（2）要求学生以实事求是的态度、科学严谨的作风完成认知实践总结。不得剽窃抄袭他人的成果，不得虚构编造数据和资料；要有科学的求实精神，从总结中找出有规律性的东西。如有上述情况取消其认知实践成绩。

（3）实践总结定稿必须经过指导教师的同意，电子文档和打印稿缺一不可。

（4）实践总结格式见附件1。

附件 1 建筑工程认知实践总结格式

浙江建設職業技術学院

《建筑工程认知》成果

学　　院：＿＿＿＿＿＿＿＿＿＿

专　　业：＿＿＿＿＿＿＿＿＿＿

姓　　名：＿＿＿＿＿＿＿＿＿＿

班　　级：＿＿＿＿＿＿＿＿＿＿

学　　号：＿＿＿＿＿＿＿＿＿＿

指导教师：＿＿＿＿＿＿＿＿＿＿

年　　月

目　　录

建筑工程认知实践总结

1. 认知实践概述

1.1

1.1.1

1）

（1）

实践总结的标题编号按以上级别编写，如果不够显示其级别再采用英文字母的大小写和加括号来显示标题的级别；段落中的数字编号采用①②③…

2. 认知实践内容

3. 认知实践体会

认知实践总结正文

附件：

附件 1：认知记录（不少于 8 篇）

附件 2：认知汇报

3.3 认知汇报

建筑工程认知

总结汇报

汇 报 人：　XXX

指导教师：　XXX

汇报提纲

1 认知概况

2 认知内容

3 认知方法

4 认知结语

…

谢谢大家！

请赐教！

4

认知评价

04

主要采用自主评价和教师评价的综合方法，具体评价用表如下文所示。

4.1 自主评价

评价项目	评价标准	自我评价		小组评价	
		满分	得分	满分	得分
任务完成	能按要求实施，按计划完成工作任务	50		50	
认知态度	态度端正，无缺勤、迟到、早退现象	15		15	
协调能力	与小组成员、同学之间合作交流，协调工作	15		15	
职业素质	能综合分析问题、解决问题的能力；具有良好的职业道德；事业心强，有奉献精神；为人诚恳、正直、谦虚、谨慎	20		20	
合计		100	W	100	X

4.2 教师评价

评价项目	评价标准		分值	得分
认知考勤(10%)	无无故迟到、早退、旷课现象		10	
认知过程(40%)	能按要求实施,按计划完成认知任务		10	
	与小组成员、同学之间合作交流,协调工作		10	
	能综合分析问题、解决问题的能力;具有良好的职业道德;事业心强,有奉献精神;为人诚恳、正直、谦虚、谨慎		20	
项目成果(50%)	认知承诺	签字完整、按时上交	5	
	认知计划	计划的可行性和专业性	10	
	认知记录	记录完整程度及符合性	15	
	认知小结	格式及内容的规范性	10	
	认知汇报	表达的正确性及完整性	10	
合　计			100	Y

4.3 成果综合评价

得分组成			课程得分
学生自评得分 （20%）	小组评价得分 （30%）	教师评价得分 （50%）	满分 （100）
$W \times 20\%$	$X \times 30\%$	$Y \times 50\%$	$Z = W \times 20\% + X \times 30\% + Y \times 50\%$

参考文献

1. 刘伟，李欣．建筑设备电气自动化系统的节能控制研究与工程设计［J］．科技经济导刊，2020，v.28；No.715（17）：60-60.
2. 王晓东．建筑电气工程安装技术要点分析及应用浅谈［M］．南京：江苏人民出版社，2020.
3. 李建沛．装配式混凝土住宅的建筑设备设计与技术［J］．绿色环保建材，2017（6）：1.
4. 闫雅婷，陈至坤．浅谈智能建筑设备电气自动化系统设计［J］．山东工业技术，2017（1）：1.
5. 房新龙，李少钢，尚恒．高层建筑室内装饰装修施工研究［J］．居舍，2021（9）．
6. 王海丹．试论建筑装饰装修工程施工工艺创新发展［J］．建材与装饰，2017（11）．
7. 阮小林．全装修迎来新发展［J］．中国建筑金属结构，2019（8）．
8. 项建国．施工项目管理实务模拟（第二版）［M］．北京：中国建筑工业出版社，2022.
9. 杨瑞英，齐琼．土木工程施工“课程思政”教学改革与实践探索［J］．南方农机，2019，50（19）：192.
10. 彭亚萍，胡大柱，苟小泉，等．土木工程概论课程思政教育改革与实践［J］．高教学刊，2019（2）：128-129，132.
11. 王文静，许念勇．“建筑施工”课程过程性评价的探索与实践［J］．西部素质教育，2019，5（3）：157-158.
12. 高德毅，宗爱东．从思政课程到课程思政：从战略高度构建高校思想政治教育课程体系［J］．中国高等教育，2017（1）：43-46.